放送作家という生き方

村上卓史

イースト新書Q
Q036

はじめに

「放送作家さん……ですか??」

初対面の人と名刺交換する時のリアクションはほぼこうなります。すかさず「テレビ番組の構成をしていまして……」とフォローするのですが、正直、怪訝な表情が晴れることはまずありません。プロデューサーやディレクターだったら、まだ理解してくれるかもしれません。華やかなテレビの一端を担っているはずなのに、なぜか漢字4文字の古臭さを感じさせる職種名。最近では文化人として活躍する方も増えていますが、本業のわかりにくさは払拭されていません。

「担当している番組で言えば、『炎の体育会TV』や『ウチくる!?』とか。他にも『世界卓球』とか格闘技の中継も担当していますね!」と少しでも接点を広げようと、関わっている番組を挙げてみますが、「え!? 格闘技? 試合の勝ち負けとか決めているのですか?」と、むしろ疑問を増やしてしまうこともたびたび。それが「放送作家」という、聞いたことがあるようなないような、何をやっているのかわかるようなわからないような仕事への一般的な反応です。

それも仕方がない話です。公務員やサラリーマンなどと違い、周りの親戚や友人に放送作家をしている人なんてまずいませんよね。いわゆる就職案内ガイドにも載っていないので、どんな仕事をしているのかも想像できないでしょう。しかも、字面だけみると「放送」と「作家」という一見相反するキーワードの組み合わせ。これで何をしているのかわかってもらえると思うことに無理があるのはもちろん十分理解しています。

それでは放送作家とは、一体どんな仕事なのか？

一言で言えば、「テレビに関わる全ての言葉を扱うエキスパート」ということになります。ただ、テレビ業界の成長と成熟とともに、その役割も時代に合わせて大きく変化しています。私自身、学生時代からテレビ業界に身を投じて30年以上になります。その間、肩書きはずっと放送作家ですが、担当する仕事内容は年々変わっており、ひと昔前ならば、まず携わることのなかった新たな仕事をするようになっています。

私がデビューした当初は面白い企画案を考えて採用されたら、それを台本にしてロケをしてきてもらい、編集されたＶＴＲのナレーションを書いて、番組収録に立ち合う。これが一般的な放送作家の仕事内容でした。

ところが、時代とともに企画案や台本書き以外のテレビ番組に関する文章や構成について、より深く携わるようになっていきました。放送作家の詳細を書いた書物はあまり出回っていませんが、過去に発表されたものの中では前出のような仕事をする文筆業と記されていると思います。ところが、今はかなり職務内容が変わってきています。

そこで今回はあらためて、イマドキの放送作家事情を紹介したいと思います。その仕事内容を通じて、テレビ番組の仕組みやテレビ業界の裏話なども併せてお伝えします。

昨今、テレビ業界の危機が様々なメディアで叫ばれていますが、まだまだテレビには多くの可能性があり、放送作家という仕事も引き続きやり甲斐のある仕事だと信じています。テレビ局や制作会社など大きな組織に所属しない特殊な立場ではありますが、キャリアを積むにつれて新番組そのものを立ち上げたり、チーフの放送作家として番組全体のことを考えるようになったり、大きなイベントの構成を長年にわたって任されるようになったり……など、とてもやり甲斐のある仕事です。実際に一介の大学生にすぎなかった自分でさえ、30年以上続けることができました。もちろん、才能はあるに越したことはありませんが、誠実さと体力と向上心があれば、道が開ける世界だと思います。

この本を通じて、ひとりでも放送作家を志してくだされば嬉しいですし、放送作家の発想法を皆さんの環境の中で使えるノウハウとして身につけてもらえれば、それに勝る喜びはありません。

それでは、知っているようで知らない、放送作家が語るテレビの世界の舞台裏へしばしお付き合いください。

放送作家という生き方●目次

はじめに 3

第1章 放送作家とは何か

プロデューサーは番組のCEO 14
映像職人・ディレクターの仕事 16
番組はたくさんのスタッフの共同作品 20
放送作家の立場 22
放送作家に必要な資質 27
放送作家の本業はトーク!? 30
会議は腕の見せ所 34
机上の空論は許されない 38
バラエティー番組の台本は面白さの最低基準 40
スポーツ番組にも台本がある理由 43
放送作家の見せ場・ナレーション書きとは? 47
テンポの良い文章のコツ 53

最大の醍醐味・企画書作成　55
レギュラー番組までの厳しい道のり　60
放送作家が教えるアイディア発想法　64
好きなものを究めてチャンスを待て　68
タレントにはほとんど会わない！　73
男性アナウンサーとは立場が近い!?　77
放送中のテロップも作家の仕事　80
スポーツ番組には必須！キャッチの考案　84
技術の進歩で変わる編集体制　88
より緻密になっている番組制作　90
番組紹介文も大切な仕事　93

第2章　放送作家という生き方

テレビ業界に休日はない　98
放送作家の正月休み　102
スケジュールの変更は日常茶飯事　105
放送作家は気持ちの切り替えが大切　110

放送作家の恋愛・結婚事情 113
放送作家と相性のいい合コン相手とは 116
芸能界の裏事情について聞かれたら 120
大物芸人、まさかの芸能界引退宣言 124
放送作家とお金の話 127
トップ作家はいくら稼いでいるか 131
カフェスペースからみる各テレビ局の事情 135
テレビ欄は重要な情報源 140

第3章 放送作家になるには

放送作家への王道ルート 144
弟子入り、転身のパターンも 147
放送作家に学歴は関係なし 149
私が「放送作家予備校」を受けたわけ 151
兄弟子に学んだテレビ界の常識 155
人生を変えた、師匠・テリー伊藤の一言 159
スポーツ番組との出会い 162

番組制作は変化の時代へ　164
放送作家・村上卓史の今　167
今、ネット放送が魅力的な理由　170
ローカル局だからこそ得られる喜び　172
必見！　エース作家の仕事　175
チーフ構成ならではの苦労　179
テレビはもっと面白くなる！　182

おわりに　186

第1章
放送作家とは何か

プロデューサーは番組のCEO

放送作家のお仕事を具体的にお話しする前に、テレビ業界にはどのような役職があり、どのような役割分担で番組を作っているのか……というところから触れていきたいと思います。

まず最初に皆さんがよく耳にする肩書きといえば、プロデューサーではないでしょうか？ニュースやドラマで「悪徳プロデューサー」「自称プロデューサー」など、時に世間をお騒がせするキーワードとして登場することもありますが、これは番組組織において最高責任者という重要な立場だからでしょう。

主な職務は番組予算とスタッフの管理。予算と照らし合わせながら、番組を立ち上げる際に最適な出演者とスタッフを集め、チームをまとめることです。視聴者が興味を持つような企画内容とそれにふさわしい出演者を選ぶ決定権を持ち、スタッフの人選などの最終決定をする司令塔。番組内のカネとヒトを司る、まさに番組という組織のＣＥＯです。

そして、この組織作りで番組の方向性や雰囲気がほぼ決まるといっても過言ではありません。ゆえにプロデューサーの力量で番組のヒットが決まることが多々あります。そのヒットをきっかけにさらに新しい番組を立ち上げ、それがチームとしてドンドン拡大していく。ひとつのテレビ局内にいくつかの好視聴率番組が存在しますが、それらが同じプロデューサーの作品であるケースは結構あります。

どんなコンセプトにするのか？　どんなキャストの組み合わせで見せていくのか？　どんな役割を出演者にさせて、スタッフにそれをまとめさせるのか？　まさにプロデューサーとしての腕の見せ所です。

よく知られる例としては、テレビ朝日の「アメトーーク！」「金曜★ロンドンハーツ」「ゴン中山&ザキヤマのキリトルTV」は加地倫三プロデューサーの担当番組。テレビ東京の「モヤモヤさまぁ～ず2」「にちようチャップリン」「池の水ぜんぶ抜く大作戦」は伊藤隆行プロデューサーの作品。どちらも業界を代表する敏腕プロデューサーです。

他にも各局に名物プロデューサーが存在しますが、このように実際に並べてみると、プロデューサーのテイストが感じられると思います。気になる方はぜひ番組の最後に流れるエンドロールでプロデューサー欄をチェックしてみてください。

最近はチーフプロデューサーという立場の下に出演者の交渉やケアをするキャスティン

グプロデューサーや予算管理をチェックするマネージメントプロデューサーなど、複数のプロデューサーが分担して番組を支えています。キャスティングのフォローやロケ現場での立ち合いなど、現場を管理するアシスタントプロデューサー（※以下、ＡＰ）も最近は欠かせぬ存在として活躍しています。タレントさんや外部スタッフなどをフォローする仕事が多いためか、女性が多いのが特色です。最近はこのＡＰさんを目指してテレビ業界の門を叩く女性が増えてきているようです。

この業界は長年、男社会だっただけに、こういった流れは非常に好ましい傾向だと思います。テレビがメインターゲットに据えているのは今や女性層。働く女性が増えることによって、視聴者のニーズがより反映されていくことになるからです。

映像職人・ディレクターの仕事

そんなプロデューサーの下、番組の具体的な内容や構成を任されているのが、ディレクターと呼ばれる肩書きの人たちです。彼らはまさに映像職人。考えた演出プランをスタジオ収録やロケで具現化し、それを番組にしていきます。演出ないしはチーフディレクターと呼ばれる人物が具体的な企画を最終決定し、それに従って撮影や編集が進んでいきます。もちろんプロデューサーが内容に意見することもありますが、原則としてはチーフディレクターが決定したことがイコール番組の具体的な内容となります。

もちろん、好き勝手なことを何でもできるというわけではありません。大枠をはみ出るような企画にはプロデューサーからチェックが入りますし、予算を超えたロケを計画したディレクターが叱られて構成が変わる……なんてこともたびたび起こります。

とはいえ、基本的にはプロデューサーはディレクターがやりたいことを可能な限り支え、ディレクターはプロデューサーから与えられた予算内で制作スタッフを駆使して出演者を動かし、最高の作品を作り上げるように努力する……これが健全な番組スタッフの関係性です。

先ほどの有名プロデューサー事情と同様、有名ディレクターが複数の人気番組を担当するケースももちろんあります。日本テレビの「行列のできる法律相談所」「世界一受けたい授業」は高橋利之ディレクターの担当番組。「世界の果てまでイッテQ！」「嵐にしやがれ」は古立善之ディレクターの担当番組。こちらもぜひエンドロールをチェックしてみてください！

そして、番組スタッフの組織の中において、ディレクターもまたひとりでは仕事をフォローしきれません。一部の深夜番組などを除き、チーフを支えるディレクターたちが何人も控えています。テレビのレギュラー番組の多くは1週間に1回ないしは2週間に1回の間隔で収録を行い、それを毎週オンエアするというスタイルが主流です。つまり1週間ないしは2週間に1回、大きな締め切りがあるようなもの。こうなるとチーフディレクターひとりのマンパワーでは番組の切り盛りなどできるわけがありません。

多くの場合、いくつかの班を作り、1回のオンエアの責任者に枠ディレクターという担当を据えて実働部隊のトップとします。さらにその下にロケを担当する複数のロケディレクターをつけて各コーナーの演出方法を話し合い、撮影を進めていきます。

一口にディレクターといっても、与えられたポジションによって仕事の内容は大きく異なります。一般的にはロケで実績を上げたディレクターが番組の枠を任されるようになり、最終的にはチーフとして番組全体を仕切るようになる……そんなピラミッド構造になっています。

中にはロケを仕切らせたら右に出るものはいない現場に強いタイプや、スタジオのタレントさんへの指示が完璧だというフロア業務の達人などのプロフェッショナルな担当もいるので、必ずしも肩書きとポジションは一致しませんが。

ちなみに先ほどのピラミッド構造は私の担当する「炎の体育会TV」のような複数のロケVTRとスタジオ収録で構成されている番組のスタッフ配置です。これがロケのみの番組になると、またちょっと違うチーム編成になります。担当番組「ウチくる!?」はオールロケ番組のため、チーフディレクターの直下に5人ほどのロケディレクターがいて、彼らがチームごとにローテーションでロケを担当しています。

こう書くと、「5週に1回の担当なんて、随分、楽な仕事じゃない!?」と思うかもしれません。ところが実際はこのくらいのスケジュール間隔がないと番組は作れないのです。オンエア5週間前にゲストとなるタレントさんと打ち合わせに臨み、4週間前に各所との打ち合わせや追加取材をしてロケの構成を組み、3週間前までにロケ地や共演者の仕込みをして、2週間前にロケ本番を迎えます。ここでひと息つきたいところですが、まだ編集作業が残っています。ここから編集やナレーション撮りなどをして、本当にオンエアのギリギリまで作業を続けていくのです。そして、オンエア前々日にようやく納品となりますが、5週に一度だと、もう翌週には次の担当が始まってしまいます。しかも複数の番組を抱えている売れっ子ディレクターの場合、この合間に違う番組を担当することになるのですから、本当に息つく暇さえありません。

番組はたくさんのスタッフの共同作品

もちろん、こんな大変なロケの準備や編集を一人でやれるわけではありません。そこで登場するのが、これまた皆さんにも耳なじみのあるアシスタント・ディレクター。通称ADさんがプロデューサーやディレクターの手足となって番組作りを支えます。ADの仕事は番組に関するすべての雑務です。過酷な仕事ゆえ、最近は志半ばで辞めてしまう人も多いですが、すべてのテレビマンはAD業務から様々なことを学んでディレクターやプロデューサーに昇格していくので、若きテレビマンにはなんとか踏ん張ってキャリアを積んでいってほしいと思います。

最近はテレビ業界もコンプライアンスが厳しくなってきているので、古くから語り継がれている「業界残酷物語」のようなブラック企業もかなり減っているようです。私が駆け出しの頃は激昂してADに灰皿を投げつけたり、遊び半分でエアガンを撃ちまくるような、今のご時世では追放必至の体育会系ディレクターがいましたが、現在はほぼ絶滅しています。しかも、ＡＤさんは慢性的な人手不足なので、逆にテレビ界で一旗揚げるには今がチャンスかもしれません。

最近は女性のＡＤさんが大変増えています。女性が働きやすい環境になっていることや忍耐力のあることなどが要因として考えられますが、ここから優秀な女性ディレクターが誕生してテレビ界に新風を吹き込んでくれるのではないか……と個人的には大いに期待しています。

ここまで読んで「テレビ業界って、すごい人数で番組を作っているんだな……」と感じた方も多いのではないでしょうか。その通りなのです。この制作スタッフに加え、カメラマン、音声、照明といった技術班と呼ばれるスタッフ。メイク、スタイリストという出演者まわりのスタッフ。スタジオや小道具を作る美術スタッフ。さらに番組の編集を切り盛りする編集所の皆さん。そして、番組の顔である出演者をフォローするマネージャーなど……ざっとあげただけでも、実に多くの人たちが番組作りに携わっているのです。

最近は予算削減の風潮もあり機会は少なくなりましたが、出演者とスタッフとの懇親を兼ねた新年会などを開催すると１００人以上の人たちが集まっていました。実際に番組の一員でありながら、「こんな人数で番組って作られているのか……」と私も会場で驚いたことがありましたので皆さんが不思議に思うのは当然です。しかも、この中のひとりが欠けるだけでも大きな支障が生じます。方向性や内容はプロデューサーやディレクターが決めているとはいえ、チームが一丸となって作る共同作品、それがテレビ番組なのです。

そんな巨大な組織の中で、放送作家はどんな役割を果たしているのか。次はその具体的なお話をしていきましょう。

放送作家の立場

テレビ番組の制作スタッフの役割を簡単に説明させていただきました。では、放送作家は番組を作る上でどのようなポジションなのかといいますと〝このメンバーと仕事する、もっとも制作に近い外部スタッフ〟という位置づけになります。

レギュラーのバラエティー番組の場合は週に1回ある定例会議に出席して、番組の方向性などを話し合い、新企画を提案していきます。私が新人として初めて定例会議に参加したのが、当時の大人気番組「天才・たけしの元気が出るテレビ!!」でした。

この定例会議はまさに若手放送作家の存在意義が問われる〝戦場〟でした。なかなか内容が決まらず、ピリピリした雰囲気の中、何人もの放送作家が提出した〝宿題〟と言われる新企画のネタ一覧を総合演出である師匠・テリー伊藤が食い入るようにチェックしていきます。その姿を盗み見しながら、自分のネタがどんな評価をされるのかをドキドキしながらひたすら待つのです。

毎週、4ネタから5ネタほど出していましたが、内容が中途半端だと何も言われない既読スルー状態。甘いネタが続くと「自分の好き勝手なことばかり書くんじゃねぇよ！」と叱責されることも。

そんな厳しい環境だけに、ネタが選ばれた時は心からホッとしたものです。当時は大学生だったので、逃げ出したいと思ったことも正直ありましたが、結果的には毎回が真剣勝負だったこの会議で得た経験がのちの放送作家生活に活きました。ネタの選び方、構成の見せ方、机上の空論をテレビの企画にする方法論……今なお、企画を考える時の基準となっています。詳細についてはこのあと、具体的なお仕事紹介の中であらためて触れていきたいと思います。

ちなみに放送作家が番組スタッフの一員にどうやって入り込むのかというと、ほとんど制作陣からの推薦ないしは紹介です。一番多いパターンがスタッフ同様、役割を期待されてプロデューサーからオファーされるケースです。他の番組で一緒に仕事をしていたディレクターがよき相方として選んでくれることもあります。

新番組に企画書から関わった場合は、ほぼ初期メンバーとして加入できます。また先輩や同期の放送作家から必要なメンバーの一人として呼ばれることもあります。若い頃はこのパターンで数多くの番組を担当させていただきました。実際、「新装開店！SHOWbyショーバイ2」は事務所の先輩から、「ビートたけしのTVタックル」「筋肉番付」は同期の作家仲間からのお声がけでした。

求人募集が出るわけでもなければ、こちらから売り込みにいくようなシステムも特にありません。基本的にはジッと指名を待つのみ。なので、タイミングが悪ければヒマな芸者さんよろしくお茶をひく状態になりますが、ありがたいことに長年この世界にいると意外なところからのオファーが時に舞い込みます。

福岡の地方局で5年間ほど年1回のグルメ特番を作っていたのですが、いったんそのシリーズが終了することになりました。最後の収録後の打ち上げでチーフプロデューサーに父が九州の熊本出身だという話をしたところ、その2年後、熊本のテレビ局から地元のプロバスケチームが震災から立ち直っていくドキュメンタリー番組のオファーをいただきました。なんと〝数多くのスポーツ番組を手掛けていて、熊本に縁がある人物〟として福岡の局プロデューサーが覚えていてくれて、熊本のテレビ局員さんから相談があった時に名前を挙げてくれたのです。おかげさまで数十年ぶりに父の故郷・熊本入りを果たし、ご先祖様が暮らしていた街を訪れることもできました。

そもそも福岡のその特番も後輩の女性作家Kさんが新企画を通して、私に声をかけてくれたという珍しいパターンで加入した番組。本当に一本の細い線から新しい出逢いにつながっていくことを日々、実感する職業です。仕事の大小にかかわらず、目の前の仕事に全力で取り組むようにすれば、何らかの形で新たなオファーが舞い込む世界。先輩や仲間がチャンスをくれて、そこから大きな輪が広がっていくのです。すべての社会人に通じることでもあると思いますが、フリーランスが主流の放送作家の場合、この傾向が顕著です。

レアケースですが、テレビ局の近くの洋食屋で私と一緒にいた後輩Fくんはカレーの食いっぷりと名刺交換時の挨拶がよかったから……という単純な理由で、そのお店に偶然居合わせたチーフディレクターから誘われました。彼はその縁を大事にし、そのまま10年以上、その番組に参加し続けています。入った当時は出演者資料や取材をするだけのリサーチャーでしたが、今やローテーションで番組の台本を書く重責を担っています。その制作会社の他のレギュラー番組などにも加入しており、もはやカレー合格感はゼロ。本当に何がプラスになるのか、わからない世界です。

他にも顔見知りの演出家や先輩作家に声をかけられるチャンスを求めて、特に用事もないのにテレビ局のエレベーターや廊下を何度も往復して会話の機会を作る若手作家の逸話も聞いたことがあります。

もちろんベースとして実力がなければ仕事のオファーは舞い込みませんし、万一、軽いノリで採用されても数か月後にはお払い箱になってしまいます。選ぶ制作陣も限られた予算の中でベストなチーム編成をしていかなければならないので必死です。本来は呼ばれること自体がラッキーなのですが……それでも期待していた番組スタッフからのオファーがない時はちょっと落ち込みます。頭の中では割り切っていますが、心の中のモヤモヤはなかなか消えるものではありません。自分がいないエンドロールを見て、つい溜息をついてしまうことも。これは新番組の改編期といわれる4月と10月の半年ペースで発生するので、繊細な方にはかなりの覚悟が必要です。〝放送作家〟という言葉にちょっと芸術的な響きを感じるかもしれませんが、実態は心も体もタフさが要求される〝文字を書く肉体労働者〟なのです。

放送作家に必要な資質

放送作家は、複数の番組を掛け持ちしていることが多いので気持ちの切り替えが重要です。かつて大御所作家さんで「会議室のドアを閉めた瞬間に頭を切り替えて、次の会議に向かう」と豪語していた人もいたくらい。私はそこまで器用ではないですが、それでも同時進行でいくつかの作業をすることはままあります。

この時に重要視しているのが〝忘れる技術〟です。前の会議を引きずってしまうと新しいことをなかなか思いつきません。しかも、前の会議でアイディアが煮詰まってない場合は、ついついそちらに考えがいってしまうもの。それでも、目の前のことだけに集中するようにしています。

会議で解決できなかった案件については必ずあらためて打ち合わせを設けるかわりに、そこまではあえて手を付けないようにしています。それは、別日を設定した時点で「明日以降できること」になったという判断だからです。複数の仕事を抱えている時に必要なのが処理能力と優先順位の見極め。誰だって少しでも早く自分の仕事を終わらせてほしいと思っています。なので、締め切りの設定は本当に大切です。その順番を間違えるだけでできるはずのことができなくなるからです。

なお、いくつかの仕事が重なっている場合は軽めのものから終わらせていく……という説を耳にしますが、私は時間がかかる仕事を先に進めるようにしています。短時間で済む原稿を書く時間は後から捻出できる可能性があるからです。極端なことをいえばタクシーで移動するときだって、パソコンさえあれば作業はできます。完成さえすればメールで簡単に送れるので、全く支障はありません。

やる気スイッチが入った瞬間の方が手間のかかる仕事に取り組みやすい、ということもあります。後半に息切れした状態で書いても、いい原稿になるとは思えないからです。ただ文字を埋めてもプロデューサーやディレクターには納得してもらえません。面白い原稿だな……と思ってもらわなければプロ失格です。

幸いなことに普段から5時間程度しか寝ないので、平均的な方よりも起きている時間が長く、その分を作業時間に充てられるというちょっとした〝特技〟を持っています。睡眠障害の問題はあるかもしれませんが、今のところは健康に過ごしています。

他の放送作家の皆さんも長時間寝ないと仕事ができない、というタイプはあまり聞きません。どうしても10時間以上寝ないとダメ、という体質の方にはちょっと不向きな仕事でしょう。これは芸能人、特に芸人さんも同様です。彼らは本当に睡眠時間が短いです。打ち上げで朝までコースになっても元気いっぱいです。そして、一瞬のスキを見つけて睡眠をとります。移動時間、収録の待ち時間、ほんの短い時間を活かして体力を温存している姿を時折みかけます。私も寝溜めはできる方だと思いますが、芸人さんたちの切り替えの早さには及ぶべくもありません。

働き方改革などで労働時間の短縮が叫ばれてはいますが、テレビが24時間にわたって放送されている限り、ある程度、不規則な勤務時間になることは避けられません。そこに組み込まれる放送作家だけに人並みの睡眠時間や休みはなかなか得られないと思ってください。

テレビ業界で働きながら、休みや睡眠をしっかりとりたいのでしたら、プロデューサーやディレクターの道に進んだ方が賢明かもしれません。テレビ局や制作会社は定期的に求人募集をしているため、なる方法もはっきりしています。その点、放送作家への道は極めて狭き門。正確な数字はわかりませんが、全国でも千人程度ではないかと言われています。とはいうものの、せっかく放送作家という職業に興味をもっていただいたわけですから、志望する皆さまのために具体例をさらに詳しく紹介させていただきます。

放送作家のポジションと資質についてなんとなく理解していただいたと思うので、続いては実際に携わっている仕事の内容について詳しく触れていきたいと思います。

放送作家の本業はトーク!?

なんといっても放送作家の本業は会議で意見を述べることでしょう……と書くと、「〝作家〟と名乗っているのにしゃべるのが本業なの?」という違和感をもたれるかもしれませんが、これは動かしがたい事実。テレビ番組の具体的な内容を決めるのはチーフディレクターだという話は先に触れましたが、それを決定する場が会議。そこでの話し合いで構成の方向性が決まっていきます。放送〝作家〟とはいえ、会議で発言することが必然的に求められるわけです。

「事件は会議室で起きてるんじゃない! 現場で起きてるんだ!」という大ヒット映画の名セリフがありましたが、テレビ制作においては「会議室で話したことは、ほぼ現場で起こる」と言っていいでしょう。

私が担当している番組のジャンルが主にスポーツやバラエティーなので、ドラマのように事前に決めた通りに進むとは限りません。特に芸人さんが出演するバラエティーのロケやスタジオ収録はアドリブや予期せぬ展開への期待を織り込んでいます。会議で決めたことの100%以上の撮れ高にできるのかがロケディレクターの命題となります。

同時に想定以上の内容になるように、会議でもかなり具体的な話し合いがされます。出演者の役割、ロケ場所のチョイス、現場でやることの確認……などを構成表や仮台本などをもとに細かく詰めていきます。

かつてはこの作業を制作スタッフのほぼ全員が揃う定例会議が意思決定機関として行っていましたが、番組作りがより緻密になってきたこともあり、定例会議は連絡確認や〝宿題〟と呼ばれる新ネタを発表する場となりつつあります。まさか50歳になっても〝宿題〟に追われる日々が待っているとは思いもよりませんでした。たまに締め切りギリギリになってしまい、20代前半の若いADから「宿題がまだ届いていませんが……」という電話連絡をいただくことがありますが、あまり家族や友人には聞かれたくないやりとりです。

定例会議が報告会の様相を呈する中、コア会議と呼ばれるチーフクラスが集まる会議で内容や方向性が決定されるようになりつつあります。それが各班に伝達され、ロケやスタジオ収録に向けて細かく詰める分科会が行われます。その後、具体的に書かれた台本などが首脳陣にフィードバックされ、最終的なゴーサインが出る。そんな流れが主流になっています。

では、それぞれの会議において、放送作家はどのような役割を担うのかというと、番組全体の構成を考えるチーフクラスは定例会議とコア会議に出席して、大きな方向性の話し合いに関与します。個々のロケや収録の内容を詰めて台本に起こす放送作家は定例会議と分科会に参加して、原稿作業を担当します。

単純計算だと1週間に最低2つの会議に出席する感じですが、番組や担当によってはそれ以上になることも。ロケが先方の都合などで急遽NGになったり、予定通りの撮れ高に達しなかった時に緊急招集がかかるからです。

近年は担当の細分化で個別の小会議が増える傾向にあります。番組のクオリティーが向上するためには欠かせないことではありますが、結果的に多くの打ち合わせに参加することになり、気が付けば結構な稼働率になってしまうことも。

以前、番組リニューアルに伴い、チーフ作家として迎えられた「快脳！　マジかるハテナ」というクイズ番組では問題作成会議を週に2回、新企画会議を週に1回、さらに隔週の収録のための台本打ち合わせ&司会者打ち合わせ……と気が付けば1週間に4、5回もコアスタッフと顔を合わせていました。

クイズ番組は高レベルな設問が要求されるため、成立させるためにかなりの時間を要します。夜7時から4つの班が提出したクイズ案のプレゼンが始まるのですが、可能性があるものをひとつずつ吟味していくので、気が付けば夜中になることも。クイズがまとまらない班はそのあともさらに分科会を、ということもありました。若かったからこそこなせたスケジュール、今はちょっと自信がありません。

もっとも、コンプライアンスの問題で今はこのような時間の会議はほぼなくなりました。日本テレビのように夕方と夜に音楽とアナウンスを流し、帰宅を喚起する局さえあります。ひと昔前は午前中の会議などご法度、かわりに夜からのスタートならば何時でもOK……というのがテレビ業界の常識でしたが、それも遠い昔のお話。新人時代に先輩の放送作家から「赤坂の編集室に27時集合！　空いているよね？」と言われて、一瞬、何時かわからなかった思い出があります。そもそも、そんな時間に予定が入っているわけがないのでもちろん参加しました。

ちなみにこの先輩は「俺、29時にケツがあるから（後ろに用事がある……の意）」と高らかに宣言し、その時間にしっかり消えていきました。いまでも朝5時にどんな重要な用事があったのか、全く見当がつきません。そのくらい、いい意味でおおらかな、悪い意味でルーズな環境でした。そのおおらかさが独自の文化を育んでいた一面はあったと思います。

会議は腕の見せ所

番組会議がどのような形で進行していくのかについても触れておきましょう。多くの会議ではチーフディレクターが議長役となり、ほぼひとりで進行していきます。そこにチーフ放送作家が話の受け手になり、掛け合い形式で進むこともあります。

他の参加メンバーは自分の担当のプレゼンに全力を傾けます。ロケや収録を担当するディレクターならば自分のやりたいことや懸案事項をプレゼンして、上層部と意見交換します。チーフ以外の作家はその補佐役として発言します。ここで話されたことをベースに台本が作られ、ロケの指針となっていくわけです。

定例会議でもうひとつよく話し合われることが新企画案。これは事前に放送作家が提出した〝宿題〟をみんなでチェックする作業。〝ペラ〟と呼ばれる1枚の紙に書かれた企画案を作家自身が読み上げることが多く、ある程度のプレゼン力が求められます。テレビ番組の肝は「いかに面白い新企画を世に出せるか！」なので、より多くの企画を通した放送作家が高い評価を得ます。ある意味、放送作家の腕の見せ所の場。

とはいえ、トークのプロではないので、ごく一部の天才をのぞいて書いたものだけで面白さを伝えるのはかなりのスキルを必要とします。そこで、プレゼンの仕方に様々な工夫を凝らします。絵が得意な放送作家はイラスト付き。しゃべりが得意な人はあおり言葉のような短いキャッチで興味を持たせてから具体的に説明をする。短い時間ではありますが、多くの仕事仲間の前でプレゼンするのですから、それなりのロジックとトーク力が求められます。

私の場合、イラストも苦手ですし、堂々とプレゼンする力量もなかったので、タイトルを見てすぐにわかるような書き方を常に意識しました。相手に一瞬で理解してもらえることが一番の理由ですが、短い文章ゆえ採用側が深読みして意図していない良きアイディアを盛り込んでくれる、というメリットもあります。もちろん、その時はまるであらかじめ想定していたかのようにふるまうのが正解です。

同時に読んでもらう順番にも気を遣っていました。求められている企画案の王道に相当するアイディアを冒頭に2ネタほど書き、3つ目はちょっと目線を変えたトリッキーなもの。4つ目は実現性がかなり低いがバカバカしいもの。最後のネタは求められていることに直接リンクしていないが新しい情報を活かした企画……というようにバランスをとって、どれかがひっかかるような形で提出していました。複数の放送作家が同じテーマで提出するので、似たようなアイディアが並んでしまうことが往々にしてあります。そういった事態を避けると同時に、様々な角度からひとつのテーマを考えるように自分なりに配慮していました。

ちなみに、よく「なんでいろいろなアイディアをひとりでいくつも考え付くのですか？」と聞かれることがあるので、参考までに私が若い頃に実践していた思考法を紹介します。それは「周りのアイディアマンになりすます」です。いつも時代に即したネタを出す先輩だったら……慎重ながらもしっかりした企画を考える同僚だったら……時々とんでもない発言をする天才肌の後輩だったら……彼らならばこんなネタにしそうだな、と想像して自分が考えたアイディアをひねっていくのです。ただし、最初の企画のタネは自分らしいものでなければパクリになってしまうので、そこは気を付けて下さい。

これをやることで自分のアイデイアの長所と短所が見えてくることがあります。その人のキャラを借りますが、アイディアそのものを盗むわけではないので人マネではないです し、最終的には実在しないキャラを自分の中で作り上げて、〝アイディアの多重人格者〟に なれば、まったく新しい企画を考えられるようになります。

テレビ番組の会議時間は2時間程度がメド。その限られた時間内でいかにアイディアを提 供できるかが放送作家の本分。内容が決まらなければエンドレスとなり、次の予定をギリ ギリに設定していると玉突き遅刻という最悪の事態が待っています。特に放送作家は複数 の番組を掛け持ちして、かつ全く違うスタッフの番組に関わっていることが多いので、ス ケジュール管理次第で命取りという状況も生まれます。遅刻や早退ばかりでは信用を失い、 番組から〝卒業〟させられることもあり得るからです。

個人的には移動時間も含め、3時間単位で予定を組んでいます。これでも前後30分ずれた 瞬間に遅刻してしまうのですが、いまのところは大事故には至っていません。番組スタッ フは大所帯。ゆえに会議の時間が希望通りにならないことも多々あります。2016年ま では隔週でお台場→赤坂→お台場→赤坂→お台場という日がありました。出席できるよう に各所が調整してくれたので、ありがたいと思わなければいけないのでしょうが、さすが に1日に6回もゆりかもめに乗ると、車窓を楽しむ気にもなりません。その横で遠方から来たであろう親子が「きれいな景色だね。一生、目に焼き付けておこうね」という心温まる会話を交わしているのを聞いて、自分の穢れた心を反省したこともありますが。

自宅作業もありますが、放送作家の実態はこのように会議や収録などで外に出ることが多いのです。肩書きだけ聞くとインドアな職業だと思われがちですが、各局を飛び回る、ある意味でアウトドアな仕事。実際、会議室のドアからドアを渡り歩いていますし。

机上の空論は許されない

会議で内容を話し合ったのちに放送作家が取り組むのが台本書きです。方向性が決まり、分科会で具体的に詰めたものを、構成表という簡単なセリフとロケの進行が書かれたものに落とし込み、演出を担当するチーフディレクターにチェックしてもらいます。そこで演出から求める内容が加えられたところで、台本書きに移ります。つまり台本を書く上でこの構成表作りが重要な指針となります。

例えば、2人以上の出演者がいる場合、それぞれの役割やキャラ設定をどうするのか？　ロケをする順番はこれでいいのか？　その場でとりあげるトピックスの優先順位は？　会議では詰め切れてなかった細かい部分を担当ディレクターと担当作家が中心となり、イメージを膨らませながら書き起こしていきます。

ここで決めたことがロケの出来高に直結するので、打ち合わせそのものにも相当の時間を要します。実際、大規模なロケの場合、ここに総合演出やプロデューサーが参加することもあります。そのくらい番組の出来を左右する資料なのです。台本でなく、構成表でロケをしてしまうディレクターもいるので、かなり実用的に書かなければいけないのです。

そのロケが実際に可能か、現場を下見することを業界用語で「ロケハン」と言います。これは主にディレクターやADさんが出かけます。放送作家もたまに同行することはありますが、ほぼ制作スタッフの仕事です。現場を実際に仕切る人たちが必要なことを調べてきた上で再び集まり、構成表の第2稿に取りかかります。

「机上の空論」という言葉がありますが、現場の下見を受けての作業だけに、それは許されません。例えばロケでドッキリをやる場合、「お母さんが後ろから登場！」と一言書くのは簡単ですが、「実際に後ろから出入りできるドアはあるのか？」「そこに移動するまでに見切れてしまう場所はないか？」「ご対面の瞬間をいいカメラ位置で撮れるのか？」というような確認をして、お邪魔するお店や出演者の位置決めをしなければいけません。

この構成表第2稿の流れでチーフディレクターからOKがでれば、いよいよ台本書きへと移ります。どんなセリフで笑いを作り、どんな言い回しでテレビをみている人を引き付けるのか？　放送作家の見せ場であり、自分らしいセリフ回しをしっかり盛り込みたいところですが……バラエティー番組においては、そういった表現や語彙力以上にロケの流れをより簡単に説明できているのか、という実用的な書き方が求められます。

バラエティー番組の台本は面白さの最低基準

よくある質問のひとつに「タレントさんのセリフは台本通りなのですか？」というものがありますが、バラエティー番組においては、「NO！」です。出演者の皆さんは可能な限り、自分の言葉で語ります。

「じゃあ、放送作家とか台本なんていらないんじゃないの？」と畳みかけられますが、これに関しても「NO！」と断言できます。台本は出演者がその場面における自分や共演者の役割を理解するための指針となっています。司会者は制作スタッフが目指している方向へ導いていこうとしますし、アシスタントは司会者へのフォローに徹します。ゲストもシニア層はその世代ならではの見解で答えますし、おバカタレントはおバカでお茶目なコメントになるようにトークに口を挟みます。また、芸人さんはその場があえて乱れるような言動でみんなを巻き込みますし、アイドルは天真爛漫な答えでその場を和ませます……というようにキャラや言ってほしい方向性が記された台本という参考資料によって、それぞれが振舞ってくれるのです。

もちろん、どうしても言ってほしいコメントも存在しますし、いかにもその芸能人が言いそうなセリフを書くようにしているので、台本通りのセリフになることはよくあります。ただ、芸人さんはどんな状況でも、たいていは台本以上に面白い事やエッジの効いた言葉を言おうと、常に機会を窺っています。書く放送作家もわかっているので、そのまま言われようが言われまいが、自分で思い浮かぶ最高のセリフや掛け合いを台本に用意します。芸人さんはこれを超えようとしてくれるので、結果的に笑いを誘発する可能性が増すというわけです。

台本のセリフが番組の最低限の面白さであり、その初期設定を高くすればするほど、出演者の能力を引き出せることになり、結果的に想定以上のシーンを作り出せるということになります。なので、何度も頭の中でシミュレーションしながら、少しでも気の利いた言葉や展開が生まれるように吟味しています。

これを言ってくれただけでもかなりいい感じのはず。これを超えたらさらに面白くなるはず。そんな想いで台本を綴っています。ある意味、出演者との真剣勝負です。

9割くらいは芸人さんのアドリブが台本を超えてきますが、ごくたまに自分の書いたセリフをしっかりと自分の言葉として発言してくれる時もあります。その時はまさにガッツポーズです。若手時代、とんねるずさんやビートたけしさんの番組をやっていた時に、ちょっとでも自分の書いた言葉がセリフに残っていると、それだけで一日中、幸せな気持ちになりました。

「ねるとん紅鯨団」を担当していた20代の時、100回突破記念なのにもかかわらず、深夜番組ゆえセットが何も変わっていなかったので、それを逆手に「100回記念でセットもすっかり新しくなった！」という設定で古いセットを褒めまくるというオープニングトークを先輩と一緒に考えて台本にしたことがあります。いつもならば、フリートークでオープニングが始まるのですが、それをとんねるずの二人がほぼそのままの内容でやってくださった時は本当に感無量でした。

ちなみに最近は出演者の意向を事前にくみ取るために、台本の初稿ができたところで打ち合わせをして事前にどんなことを言うかを確認するケースも出てきました。よりスムーズにロケや収録が進むメリットはありますが、進行を担当する司会者以外はノー打ち合わせで緊張感のある現場のままにしておいたほうが弾ける可能性があるのに……と個人的には思ってはいますが、昨今のコンプライアンス事情を考えると仕方のない部分ではあります。

スポーツ番組にも台本がある理由

台本はバラエティー番組においては出演者たちへの指針という意味合いだとお伝えしましたが、これが情報番組やスポーツ中継になると、放送作家のスタンスも台本の役割も大きく変わってきます。

情報番組の場合、間違った情報を流せないだけに、ひとつひとつのセリフに対して確認しながら書き進めなければいけません。話す順番をちょっと変えるだけで、事実と異なる展開になってしまう可能性があるからです。膨大な資料を読み漁ったり、専門家に会ったり……と非常に手間暇をかけて書いていきます。

バラエティー番組と並んで私がよく担当するスポーツ番組の台本事情も情報系と似た傾向にあります。「ジャンクSPORTS」や「炎の体育会TV」はほぼ通常のバラエティー番組と一緒なのでさほど疑問には思われませんが、担当番組の話になった時に「オリンピック中継や世界卓球中継、あと格闘技中継の放送作家などもやっています」というと、かなりの確率で怪訝な顔をされます。中には「『金メダルを取る!』『チャンピオンが王座を防衛する!』みたいなことを台本にしているの?」と聞かれることも。

もちろん、結果を書くようなことは絶対にありません。スポーツ中継の場合、試合前のスタジオ部分などの台本を事前に書き、そのあとはテレビ局のスタッフルームやスタジオの隅に待機して、結果に即してリアルタイムで書き足していきます。ここでは気の利いたコメントなど二の次、試合の経過に合わせた正確なデータと今後への的確なフリが主に求められます。

「世界卓球」ならば、「日本人選手のメダル獲得は何年ぶりなのか?」「次の対戦相手は誰になりそうか?」といった結果によって変わっていく、伝えるべき情報をその都度選んでいきます。ある程度のパターンの準備稿は用意していますが、経過次第で時間を割きたいトピックスが変わりますし、試合時間の長短で与えられる放送時間の尺も変わるので常にギリギリの作業になります。

なお、日本人選手が負ける想定の台本はゲン担ぎの意味も含めて用意しないように決めているので、万一、想定外の負けを喫してしまうと修羅場と化します。私が担当しているスポーツ中継で有力な日本人選手が負けるシーンをみたら「いまごろ大変なんだろうなぁ」と同情してやってください。

こういう時は得てして、いろいろなハプニングが連発します。2分くらいあったトーク部分が本番ギリギリに30秒に短縮になるなんてことも。その状況の中でどこを短くして、どこを強調すべきか。省略したことで辻褄が合わないことが生じないか。迫りくる時間の中で判断していきます。

尺が正しくないと、しゃべっている途中で終わってしまう見栄えの悪いエンディングになりかねません。そうならぬように締切り直前まで出演者になりきって読み合わせをしています。ストップウォッチを睨みながら、同じようなセリフを何度となくつぶやきます。正直、その瞬間の私はかなり鬼気迫っている状態だそうです。特に「世界卓球」中継の場合、女子アナウンサーがまとめのトークをすることが多く、さらに〝おネエ口調〟が加わっているので、はた目にはかなりキツイ感じに映っているかもしれません。間に合わすためにははこの方法しかないので、何と思われようが続けていきますが。

これまでに原稿が間に合わなかったことはほぼありません。長年、この仕事をやっていてもさして誇るべきスキルはないのですが、ことスポーツ中継でとっさに原稿をまとめる能力だけは自信があります。他にはあまり転用のきかないテクニックですが。

とはいえ、事前に準備していたものを、状況に合わせてまとめる能力は実社会においても使えます。企画書やプレゼンで長々と説明してしまうという悩みをよく聞きます。効率化を考えると、最初から短くまとめるようにアドバイスされると思いますが、それができるならば苦労はしません。時間はかかるでしょうが、まずは自分が書きたいことを長々と書いて、そこから省いていくことで短い文章やプレゼンにしていくことをお勧めします。辻褄合わせの苦労はありますが、重要なものとそうでもないものを見つめなおすことにもなります。

最初のうちは、どこを縮めるか悩むことも多いでしょうが、場数を踏めば瞬時にカットすべきところがみえてくるようになります。文章作成ソフトを使えば、簡単にコピー&ペーストができます。この機能を活かさない手はありません。丁寧に順序だてられたプレゼン原稿を思い切って、いきなり本題からコピペしてみる。強調したいがゆえに繰り返している部分をカットして、その分で説明に厚みを加える。

まずは過去に作った、手元にある長めの文書をちょっといじってみてください。今までの自分の書いたものとはちょっと違う端的な作品になるはずです。この作業を繰り返していれば、最初から短く的確な資料を作れるようになってくると思います。

放送作家の見せ場・ナレーション書きとは？

ナレーション書きは放送作家の見せ場のひとつ。その前に、「そもそもナレーションとは？」という疑問にお答えします。

ナレーションとは出演者のセリフやコメントとは別に編集時に入れる声のことで、主に場面転換や詳しい説明をする時などに用いられます。ひと昔前までの職人気質のディレクターたちは「現場で面白く撮れたらナレーションなんていらないんだから！」と主張していましたが、番組自体のテンポが速くなり、かつ高い情報性を求められるようになっている現代のテレビ事情においては欠かせないテクニックのひとつとなっています。

また番組の特色を表現する強力な味付けとなるケースも多々あります。古くは一世を風靡した「ガチンコ！」のくどいといってもいいほど情熱的なナレーション、最近では「世界の果てまでイッテQ！」の出演者に対する鋭い突っ込みコメントは印象的です。これらはまさに番組のテイストであり、視聴者の皆さんの楽しみどころのひとつになっています。

また「ザ！鉄腕DASH!!」の「DASH村」コーナーの美しい詩のようなナレーションや、「アナザースカイ」の抒情的な表現も特徴的ですが、これはナレーション職人とでもいうべき文章力に定評のある放送作家の田中直人さんや塩沢航さんが担当しているため。田中さんは同じテリー伊藤門下の先輩で、見た目は板前さんのような体育会系なだけに書くものとのギャップがハンパありません。

もうひとりの塩沢航さんは日本を代表する脚本家であり放送作家である小山薫堂さんの一番弟子ということもあり、イマドキの言葉を華麗に繋ぐタイプの書き手さん。「この番組のナレーションは上手だなぁ」と思ったら、ぜひエンドロールを見てください。この二人のどちらかが担当している可能性がかなり高いです。

ちなみに私も一応、大学では日本文学を専攻し、国語の教員免許を持っている上に「PRIDE」「RIZIN」などの格闘技中継などを長年担当していることなどもあり、ナレーションはどちらかといえば得意な方だと思われることもありますが、文才のあるディレクターと仕事をすることが多いから、というのが実状です。正直、前出の二人の才能には及ぶべくもありません。

ナレーション書きは放送作家の大きな仕事のひとつですが、これまでお伝えしてきたネタや台本に比べると、制作とのトラブルになることが時折あります。まず圧倒的に作業時間がかかります。ネタ出しは言うなれば自分のやりたいことをまとめる作業。台本書きは緻密に詰めたものを書き起こす作業。どちらも楽な作業ではありませんが、ある程度のゴールがみえている状況で書き始めているので作業時間の計算は立ちます。ところがナレーションは限られた時間尺で画面に合わせて文章を紡ぎだす、という数多くの制約の中での作業になります。

ナレーション書きをまだ担当させてもらっていなかった若手時代、ある先輩から「1分のナレーション原稿を書くのには1時間かかるから！」と言われた時、「そんなことはないでしょう。先輩のペースの問題では……」と軽く考えていたのですが、いざ担当すると1時間どころではないことが判明しました。

もちろん、仮ナレーションと呼ばれる担当ディレクターが作ったメモ書きがあるので、ある程度までは書き進められます。ただ、ディレクターも編集作業と並行して書いているので文章もシンプルですし、尺もピッタリなわけではありません。画面に合わせて何をどう伝えるべきなのか？　わずか10秒でもその部分に興味がなければチャンネルを変えられてしまうので必死に考えます。観ている人をつなぎとめるような言い回しや情報を内包しつつ、耳触りのいい言葉でどうまとめるのか？　まさに文章力が問われる瞬間です。

作業としては地道ですが、自分が書いた言葉がナレーターというプロの話し手の声を通じて日本中に流れるものなので割と好きなジャンルの仕事です。特に会心のナレーションが書けた番組はリアルタイムで自分の原稿と照らし合わせながら視聴することも。最終的にはMAと言われる音入れの編集作業で、ディレクターが微調整しながらナレーターに最終的な指示をして収録しているので原文のままにならないこともありますが、自分の書いた文章がそのまま反映される喜びは少なからずあります。

ディレクターのメモをベースにナレーション書きを進めるのが基本ですが、中にはほぼ放送作家にお任せというケースに直面することも。いままでで一番驚いたのは、お笑い番組しか携わってこなかったベテランディレクターがグルメ情報番組の担当になった時の仮ナレーション原稿。他の情報番組を見よう見まねで編集しているので、さして必要ないと思われるところにも長めのナレーション尺を設定。しかも、その中身は「※ここでお店のいいところを説明。1分」「※ここでこの料理の美味しいポイントを説明。1分半」というザックリすぎるメモのみ。制作スタッフと違い、こちらは現場に立ち合ってもいなければ料理を食べたこともありません。優秀なADさんがついていればお店や料理の取材メモを渡してくれるのですが、この時は何もなし。仕方がないのでネット検索したり、お客を装って料理のことを電話で聞いたりして何とか書き上げました。

そんな穴埋め問題のような作業でしたが、なぜか一か所だけ女将が一人で切り盛りする小料理屋の部分だけはしっかり原稿が書かれていたのです。これは助かったと思ったのですが、美人女将が粛々と手を洗うシーンに「ここの女将のこだわりは調理前にキチンと手を洗うこと。こうすることでお店と料理の清潔さを保っているのだ！　20秒」と……。料理人が調理前に手を洗うのは当たり前だから！　さすがにここはディレクターに連絡して変えるように進言しました。

「料理人がこだわりとして手を洗うのをナレーションで謳いあげるのはさすがにどうかと思うのですが……」「女将が熱くそう語っていたから、そこはそのままで！」女将に惚れたんかい！と突っ込みたいところでしたがグッと飲み込み、作業を再開。このままでは視聴者に見透かされてしまいますので知恵を絞り「女将にとって、手洗いは一種の儀式。手を清めつつ、最高の料理をお客様に届けるイメージを膨らませます」という言い回しに。どんなにあおっても女将がシンクで丁寧に手を洗っているだけなのですが、それでもちょっとは格好がついたシーンになりました。

ただ、これはかなりレアなケースで最終的な決定権はディレクターにあります。特にナレーションに特徴のある番組は総合演出自らが書いているというケースがほとんど。前出の「世界の果てまでイッテQ！」や独特の言い回しが評判の「水曜日のダウンタウン」などはチーフディレクターがほぼ書き上げていると聞いています。それでも餅は餅屋。最後の仕上げを放送作家が担当することで聞きやすい文章になりますし、先ほどの〝女将手洗い事件〟のような危機も回避できます。

これは番組における放送作家の立ち位置の特異さも影響していると思われます。ディレクターにとってロケは自分で生み出したかわいい子供のようなもの。ゆえに映像への思い入れがかなり強くあります。その点、ロケに行かず、編集にもほぼタッチしない放送作家は完成したVTRを客観的に観ることができます。仮ナレーションでは説明不足の部分をつけ足したり、わかりやすい表現に言い換えたり、きれいな語感になるように工夫しながら、ナレーションを仕上げていくのです。

テンポの良い文章のコツ

いとも簡単な感じで書きましたが、実はある程度任されるようになるまでには、多くの先輩たちにアドバイスをもらいました。若手の頃、堅めの言葉を使った方が格調高いと思って「○○寺が建立されたのは……」と書き、チーフディレクターのIさんに、「ここは○○寺ができたのは……でいいんだよ！『建立』って漢字をみないとわからないだろう！」と注意されたことがありました。確かに「こんりゅう」と耳で聞いただけでは漢字も意味もイメージできませんよね。

その瞬間はミスをしたことをただ恥じるのみでしたが、このアドバイスのおかげでなじみのない言葉は平易な言葉に言い換えるという術を体に染み込ませることができました。そのことには心から感謝していますが、そのやりとりからもう四半世紀近く経っているのに今でもIさんと会うたびに「おい！　もうお寺を建立するって書いてないよな！」と突っ込まれる続けることにはやや閉口しています。

先輩たちからいろいろ忠告を賜ってきたので、可能な限りナレーションの基本を後輩に伝えるようにしています。まず勧めているのはメインナレーターを想定して、その人のイメージで文章を書きあげ、実際にその人の口調で読み上げること。こうすることで言い回しや尺が整理されます。実際に原稿を読むナレーターとは違う口調なので微調整は必要ですが、メインナレーターを心の中で作っているとナレーションが段違いに考えやすくなるのです。

私は「PRIDE」「RIZIN」といった格闘技中継や「炎の体育会TV」で長年ご一緒させていただいている立木文彦さんになりきってナレーションを考えています。テンポもよく、あおりも効く名ナレーターさんなので、力強く印象に残る原稿を書き綴ることができます。しっとりしたナレーターさんの時は修正が必要になりますが、慣れない口調を意識して書くよりも立木流をベースにした方が作業は早いです。

これはナレーションを書く放送作家ならではのテクニックですが、皆さんが書く文章に活かせる技もいくつかあるので紹介したいと思います。ひとつの文章は原稿用紙2〜3行以内に。「しかし」「そして」などはあえての強調以外には使わない。リズムをよくするために体言止めを時折挟んでいく。表現を強くする時は倒置法を使用。難しい言葉はなるべく簡単な表現に言い換える。以上を反映すると、かなりテンポのいい文章になると思います。もし時間がありましたら、自分が一度書いたメールをこの法則に当てはめて加筆修正してみてください。

最大の醍醐味・企画書作成

企画書作成は放送作家の最大の醍醐味といっても過言ではありません。自分で思いついたアイディアが実際に番組となり、話題になれば多くの人に楽しんでもらえるスーパーコンテンツへと成長するのです。テレビの仕事をしているからこそ得られる喜びは多々ありますが、自分の考えた企画が番組になる喜びに勝るものはないでしょう。

最初の企画のタネは頭の中で思いついたジャストアイディアにすぎません。それを数行の企画メモ、通称〝ペラ〟に起こして企画会議に挑みます。テレビ局の編成部という部署から企画募集の連絡がある頃、各所でこの会議が開催されます。プロデューサーやディレクターが付き合いのある作家陣に声をかけてアイディアを募ります。売れっ子放送作家さんは引っ張りダコなので、その時期は超激務スケジュールに。通業勤務をこなしながらイレギュラーの企画会議を渡り歩くのですが、手ぶらで参加するわけにもいきません。企画メモを提出するため、いくつかの企画案を書く時間も必要です。たいていはA4の用紙に2ネタくらい。それを2、3枚くらい各作家が持ち寄り、それぞれ自分のアイディアをプレゼンしていきます。

ちなみに〝ペラ〟のような業界用語は21世紀に入った今でもいくつか残っています。後半にスケジュールが入っていることを「ケツあり」、急ぐときは「マキで」。このあたりの言葉はいまだに多用されています。「ケツ」はお尻からの連想。「マキ」は時間を巻く略語ですがディレクターが進行を早めてほしい時に人差し指をグルグル回すというジャスチャーで出演者などに伝える時にも使われます。ちなみにひと昔前に流行った「ギロッポンでシースー（六本木で寿司）」「ウナサでサジマ（サウナでマッサージ）」のような逆さ言葉はほぼ絶滅状態です。たまに昔の癖で発言してしまうベテランさんがいますが、もはや若い世代がポカンとするだけです。

話を戻しましょう。企画を通すためにはこの企画会議でいかに制作スタッフや作家仲間に「そのアイディアは面白そう！」と思わせることが肝心。小さい集まりとはいえ、全員がプロ中のプロ。そんな手強いメンバーに納得してもらえるレベルの企画でなければ、その先の候補に残れません。実際、20ネタ程度を2時間ほど吟味しても残るのは2～3ネタ程度。自分のアイディアが生き残るようにタイトルを過激にしてみたり、興味を引きそうなシステムを構築するなど様々な工夫をして臨みます。さらにプレゼンの中で指摘されても大丈夫なように、対案などを頭の中にスタンバイして自分のネタを読み上げていきます。

元々、人前に出るのが得意ではないからこそ裏方になったのですが、この時ばかりは人前で堂々と自分の考えを披露することになります。これを聞くと尻込みする人見知りな作家志望の方もいるかと思いますが、仕事にすれば意外にやり切れるもの。

プレゼン時のポイントは、出席者とのやりとりで自分では思いつかなかったアイディアや指摘を反映して、よりよい企画にしていくこと。内容に厚みが増しますし、仲間を味方につけることでグループ全体でその企画を推す雰囲気が生まれます。

ブレストは生ものです。そこでの話し合いをどうプラスに変えるかで勝負は決まります。まれに自分の意見を頑なに述べる人もいますが結果的には損をします。みなさんの周りでも同じようなことになっているとは思いますが。

皆が納得できる企画として生き残るのは大変ですが、ここで認められたら一気に具体化していきます。数行のアイディアをこの班の推し企画として、実際に企画書を作成することになるからです。当初のコンセプトを活かしつつ、ブレストでいただいた新たなアイディアを加えて辻褄が合うように形にしていきます。時間はかかりますが、番組誕生に向けて、一歩一歩前進している実感があるので、さほど苦しい作業とは感じません。

今の若い世代の作家陣はパソコンを100%活かした見た目の美しい企画書の作成能力に長けていますが、オジサン作家の私はそこまでの技術を持ち合わせていません。そこで後輩作家にお願いして企画書を〝化粧〟してもらいます。内容がわかりやすいように写真を貼り付けたり、強調したい部分を太字にしたり、文字の色を変えてみたり、枠で囲ってみたり。実際、このレイアウトが上手な放送作家の企画書は通りやすい印象があります。放送作家を目指す方はいまのうちにレイアウトの腕前を磨いておくべきでしょう。

どのジャンルでもそうでしょうが、若手のアイディアが通ることは実力的にも信頼度的にもなかなか厳しい状況です。しかし、企画書作成が得意であれば、そのおすそ分けをもらうことができます。実際、ブレストで出た先輩のアイディアを形にしたり化粧することで、ご褒美としてその番組の担当作家として呼んでもらえることは結構あります。若手なのでギャラもそんなに高くないだろう……と制作スタッフもそこは好意的に仲間にしてくれます。結果を出せば、その班の関連番組などに呼んでもらったり、新たな仕事仲間を紹介してもらったり……と仕事の幅が増えます。ただし、期待に応えられないと次の仕事をもらえないので、まさに一期一会の気持ちで臨む決意が必要です。

ちなみに企画会議の時点では一部の例を除き、いくら稼働しても収入はゼロ。交通費がかかるので実際には赤字ですが、成功報酬がテレビ業界の慣例。特に放送作家はオンエアされて構成料がもらえるという契約がほとんど。この時点では番組にすらなっていないのでビタ一文もらえないというわけです。ここまでの作業がムダにならないように募集締め切りギリギリまで企画書の中身やレイアウトを精査します。

かつてはこのやり取りも集まってやっていましたが、最近はLINEやメールで済ませることも増えてきました。わざわざ会議室に行かずに済むので便利だと最初の頃は思っていましたが、やはり顔を突き合わせていないと言葉のニュアンスが伝わりにくい事態が生じます。目の前で笑いながら「これはないでしょ！」と言われれば素直に引き下がれますが、LINEで「これはないでしょ！」という1行がきたら、ちょっとムッとなりますよね。とはいえ、忙しい売れっ子作家さんも参加できるという利点から状況に合わせて今でも使ってはいます。本音としては移動時間をかけてでも直接お話ししたいのですが。

完成した企画書はプロデューサーやディレクターを通じて、テレビ局に提出されます。いくつものアイディアがあった中で勝ち上がったカワイイわが子のような企画書ではありますが、そのあとは局の編成部員たちによる選考結果を待つことしかできません。ある意味では合格発表のようなものですが、かつては採用が決まった企画にだけ通知が届くことが多かったので、あとは意外に淡泊な感じで企画班も流れ解散みたいな終わり方をしていました。最近はちょっと事情が変わり、即採用は見送りになったものの、この要素を足してもう一度提出してほしいという再オファーが来たり、今回の不採用の理由を連絡してくれるようになりました。各局とも企画書の取り扱いがより丁寧になってきた印象があります。

レギュラー番組までの厳しい道のり

晴れて新番組採用の通知が来ても手放しでは喜べません。最初に与えられる枠は「実験枠」と呼ばれる深夜か土日の午前中ないしは午後帯のスペシャル枠。ここである程度の視聴率を残せなければ、この1回きりで終わります。実際、いくつもの新番組がここで終焉を迎えています。標準以上の数字を出して、ようやくゴールデン帯と呼ばれる夜7時台ないしは8時台の2時間スペシャル枠に進出することができます。そして、結果を残した番組だけがレギュラー番組への昇格チャンスを得ます。

新番組として勝ち残るには、このように長い時間と手間暇をかけなければいけません。それでも結果が出なければ、半年でレギュラー打ち切りという可能性もある世界。番組を継続することがいかに大変なのかが少しはおわかりいただけたのではないでしょうか？　ありがたいことに私の場合は「ウチくる!?」が19年、「もしもツアーズ」が15年という長寿番組となっています。少しでも長く続くよう、これからも精進していきたいと思います。

ちなみに「新番組の場合はどんなアイディアを出したら採用されるのですか？」というストレートな質問を若い作家さんや専門学校の生徒さんからいただきます。もちろん、答えはありません。私は時勢に流されることなく、自分が面白いと感じて実現させたい企画を出すようにしています。そのためには常にやりたいことが何かを自問自答しています。

私の場合はアスリートを身近な存在として紹介するスポーツバラエティーやニュースをわかりやすく紹介する報道バラエティーを常に狙っています。前者は信頼できる仕事仲間とともに「炎の体育会TV」や「ジャンクSPORTS」で実現できましたが、後者は何度か特番までこぎつけたものの、いまだレギュラー化には至っていません。せっかくの目標なので、残り少ない放送作家人生の中で何とか成就させたいと思っています。

「同じような傾向の企画を出して大丈夫なの？」と思うかもしれませんが、各局とも編成方針は毎回変わりますし、人事異動で選考する人物も変わります。世の中の流行り廃りもあります。古い企画書そのままではダメですが、新たな要素を加えて提出することで道が開けることもあります。また募集要項で求められている企画の王道をそのまま出しても各方面から同じテイストのものが提出されている可能性が高いので、少し角度を変えたものを考えるようにしています。

例えば、〝トーク番組〟というと、スタジオでタレントさんにお話を伺うのが王道と考えがち。そこをちょっとずらしてタレントさんの地元を回りながら話を伺うことにしたのが「ウチくる!?」です。いまでこそ街をブラブラするトーク番組は無数にありますが、19年前はほぼ皆無でした。「トーク番組＝スタジオもの」という固定観念が長年あったからです。この時の考え方は「トーク×外ロケ」という掛け算。ゼロから新しいジャンルを生み出すことは大変ですが、異質なものを掛け合わせることで新番組を生み出すことは可能なのです。いま担当している「炎の体育会TV」もスポーツ×バラエティーという掛け算です。

皆さんも自分の職場の中で新たな企画を考える必要が応じた時にぜひ実践してみて下さい。飲食店に勤務しているならば動物との掛け算をあえて探ってみたり、おもちゃの商品開発をしているのならばシニアとの掛け算でその層が楽しめる高級な玩具を考えてみたり。掛け算するだけならばいくつも瞬時に思いつくはず。その中から先が見込めそうなものを企画にしていけばいいのです。

ただし、掛け合わせを間違えたり、ひねりすぎたりすると時にはとんでもない珍企画が生まれてしまいます。若手のころ、師匠のテリー伊藤から常にプレッシャーを受けていた同期のSくんが考えすぎた結果、「野球甲子園」という企画を「元気が出るテレビ!!」の新コーナー企画として提出して騒然となりました。当時、「ダンス甲子園」という高校生のダンサーの大会を番組内でやり、それが大評判になっていたので、それに続く連載モノとして新しい「〇〇甲子園」という企画を募集してはいたのですが……さすがにこれはそのまんまです。「毎年、夏にやっているヤツじゃねーか！」と会議で一喝されたことは言うまでもありません。

ちなみに彼はのちに「デブ相撲」という珍企画を出し、同じような制裁を食っています。単に掛け合わせればいいわけではなく、その塩梅が企画の良し悪しとなっていくのです。慣れてきたら、3つ以上の掛け算をしていくと、さらに想像を超えるものが生まれる可能性が高まります。ひとつのコンセプトに固執していると、なかなか新しい企画は生まれませんが、頭を柔軟にすれば新たなアイディアは浮かんでくるようになるものです。

放送作家が教えるアイディア発想法

番組が企画書から生まれる流れは一般社会でも社内会議で企画が採用されることに通じます。そこで、これまで実現させてきたいくつかの例を紹介しつつ、その企画が受け入れられたポイントなどを説明していきたいと思います。皆さんがアイディアを具体化するときの参考になれば幸いです。

初めて自分の企画が通った番組は1989年9月にオンエアされた「オールスターデビューの祭典」という特番でした。大学2年の秋にこの世界に入り、半年ほど修業したのち、翌年春から師匠であるテリー伊藤が総合演出を務める「天才・たけしの元気が出るテレビ!!」と「ねるとん紅鯨団」に配属されました。そこで1年ほど放送作家としてのキャリアを積んだ後、日本テレビの企画募集に応募することを許されて出したのが「オールスターデビュー大賞」というタイトルの企画書でした。

放送作家になって実質2年目の若手だったため、採用の連絡が来た時は天にも昇る気持ちでした。スターのデビュー作を一気にまとめたシンプルな内容でしたが、当時は昔の映像をひとつのテーマでみせる番組が皆無だったので採用されたと思われます。番組の視聴率は合格点である二桁を超えたという記憶がありますが、実際に制作する上で映像使用料が驚くほど多くかかることがわかり、残念ながら第2回目以降の放送はありませんでした。しかし本来ならばネタ出しがせいぜいの若手の世代でありながら、自分の企画が映像化されて、構成や編集にチーフクラスとして参加できたことは本当にいい経験になりました。

ここまで読むと「若い頃から斬新な番組を考えて、企画を通していたんですね！」と思われそうですが、これにはカラクリがありました。

私は「天才・たけしの元気が出るテレビ!!」の中で募集していた放送作家予備校という企画をきっかけに作家になりました。その縁で番組の若手作家となり、「元気が出るテレビ!!」を制作するIVSテレビ制作という会社の番組を中心に活動していました。そして、IVSがその頃、「オールスター変装大賞」「オールスター実家大賞」といったタイトルの特番を多数作っていたため、新企画募集の時は「オールスター○○大賞」の○○を考えて企画にするという暗黙の了解があったのです。つまりは「デビュー」という言葉をそこに当てはめた企画にすぎません。

弟子たちにそのような指示をした師匠・テリー伊藤の忠告が功を奏したと言えるでしょう。この教えは実はいまでも守っており、大型特番の時などはこの法則を活かして新番組のコンセプトを考えることがあります。昨今の人気番組に当てはめても「しくじり先生」は「オールスター失敗談大賞」、「アメトーーク」は「オールスタープレゼン大賞」という感じでしょうか。ここからどう詰めていくかで番組内容は変わりますが、大枠がある状態で内容を吟味する方が格段に考えやすいと思います。

社内に出す新企画で手詰まり感を感じたら、「最新〇〇プロジェクト」と書き出して、その〇〇を埋めることから始めると、ゼロから考えるよりもいいアイディアが思いつきやすいのではないでしょうか。その際には〇〇にあえて自分の頭の中にある常識とは違うワードを当てはめて、それがどんな企画なのかを想像してみてください。思いつかなければ、雑誌やネット、あるいは本屋さんに行って、気になるキーワードやタイトルをみつけてランダムに当てはめてみてもいいと思います。

ちょうどいま目の前の新聞に「忖度」という見出しがあるので当てはめてみましょう。「オールスター忖度大賞」。これまであった忖度を一気にみせるだけでも面白そうです。これを政治記者が選ぶランキング形式にする、なんて手法もありますね。「政治記者が厳選！

付度GPベスト50」。「1位になるのは何かな？」と、ちょっと気になる内容になったのではないでしょうか。

あえて、政治の世界を離れた企画も考えてみましょう。「あなたの知っている忖度大賞！」身の回りにあった許しがたい忖度を投稿していただき、コント形式でみせていく感じでしょうか。

お次はLOVEの要素を加えてみましょうか？「独身女性芸能人対抗！恋愛忖度グランプリ！」自分が与えられる忖度を武器に独身女性タレントがリッチな独身男性に交際を迫るお見合い番組。女性タレントのキャラが明らかになったり、お金持ちの意外な一面がわかったり……という人間模様が期待できそうですよね。

ここからさらに詰めていき、実際に企画書にするレベルなのかを吟味することになるのですが、〝穴埋め〟からの連想だけでアイディアの芽が次々と生まれることはおわかりいただけたのではないでしょうか？

住宅の新開発を手掛ける人であれば、「奥様が喜ぶ○○住宅」というテーマで、大学生が学園祭に考える企画であれば、「女子大生対抗○○GP」などなど。前出の〝掛け算〟同様、これまでにない新しいジャンルへの企画を思いつくきっかけになると思います。

好きなものを究めてチャンスを待て

もうひとつは「好きなことをトコトン究める」という考え方です。私の場合、スポーツ観戦が趣味なので、その面白さをより多くの人に関心をもってほしいという思いが出発点でした。その気持ちを胸に様々なスポーツバラエティーやスポーツ中継に携わってきた中で発見したのがアスリートの発言の面白さでした。芸能人とは違う思考から生まれる独特の論理、常人では知ることのできない常識外れの経験、大観衆を前にしても変わることない強いハート。ニュース番組のような質疑応答をしている限りでは伺いしれませんが、ざっくばらんなトークのチャンスを与えれば、真面目な受け答えしか見られることがなかったアスリートの新しい一面がみえてくるはず。「ジャンクSPORTS」はまさにそんな思いを共有するスポーツ好きスタッフが集まり、生まれた番組です。

MC・浜田雅功さんのストレートな言葉がアスリートのさらなる魅力を引き出し、これまでにないスポーツバラエティー番組となりました。回を重ねるごとにアスリートたちもこの番組に出てトークすることを楽しむようになり、他では聞けない本音トークがさらに名物となっていきました。

こうなると不思議なもので、想像もしていない、良い意味での付加価値が生まれてきます。伝説のレーサー・中島悟さんが出演した時、「雨の鈴鹿でいい走りができたのは、完全にコースを記憶していたから。雨の日は正面がみえないのでコース横の看板をみて判断していた」というF1レーサーならではのお話をされた時でした。その場にいた他のアスリートたちが一斉に驚いた表情をしたのです。あえてジャンルの違うアスリートを並べることで共通点や相違点をお互いに語り合うという効果は期待していたのですが、アスリートたちさえも驚く裏話があることがわかった瞬間でした。

以来、そのジャンルの選手しか知りえないエピソードを取材スタッフが探ってくるようになり、さらにトークの質が上がったことは言うまでもありません。

ちなみに「ジャンクSPORTS」も当初はもうちょっと違う角度の番組でした。企画書作成から関わらせていただきましたが、実は最初に提出した案は女性アスリート限定のトーク番組でした。ターゲットが絞られ、かつ見栄えもいいというメリットがありましたが、実際にコアスタッフとブレストする中で男性アスリートのキャラクターや知名度も捨てがたいという結論に至りました。もし当初の案のままでいたら、あのような人気番組になっていたかどうか微妙なところだったかと。

10年近く続いたライフワークともいうべき番組ゆえ、終了が決まった時は本当にもぬけの殻でした。正直、この世界から足を洗うことも考えました。ところが不思議なもので、その直後に違うテレビ局のプロデューサーから違う形のスポーツ番組を一緒に考えないか、というオファーが来たのです。

そして、始まったのが「炎の体育会TV」です。スポーツを違う切り口でみせていこうと考えた結果、かつて実現できなかった女性アスリートを輝かせる企画にしていく方向を探っていきました。スポーツ芸人が増えていたという状況もあり、〝女子アスリートvsスポーツ芸人〟というコンセプトでスタートすることになりました。動ける男性と女性ながら優れた運動神経を誇るアスリートたちが戦い、女性が男性に勝つ爽快感やスポーツ芸人のいつもとはひと味違う真剣な姿を楽しんでもらおうというのが狙いでした。スタッフ一丸となって、様々な競技を考えました。

ここでこだわったのが〝遊び〟や〝ゲーム〟ではなく〝競技〟を見せていくこと。真剣勝負だからこそ対決も面白いし、そこに至るまでの事前ロケも見どころのあるものになる。ありがたいことに、これがテレビの前の皆さんにも伝わり、第1回の特番が好視聴率をマーク。その勢いのまま特番からレギュラー番組へと昇格して、現在に至っています。

あらためてさかのぼってみると、30年のキャリアのほとんどでスポーツバラエティーのことを考えていたような気がします。もちろん「ビートたけしのTVタックル」「さんまのスーパーからくりTV」「学校へ行こう!」などテレビ史に残る超人気番組も担当させていただきましたが、やはり自分はスポーツバラエティーを盛り上げるためにこの業界で生かされていたのか……といまさらながら実感します。

もちろん、ひとりでは何ひとつ成し遂げることはできませんでした。全ては仕事仲間との共同作業によって実現したもの。どんな番組においても制作スタッフの一員にすぎないという自覚はあります。個人的な考えですが、テレビの世界ではタレント自らの発案によるものや、総合演出が企画から立ち上げた一部の番組以外は〝○○が作った番組〟という考え方は当てはまらないと思っています。

そもそもテレビの場合、だれが作ったかということはさほど重要ではありません。人気番組にしても、その多くは気が付けば全く違う内容が受けてブレイクしていることも多々あります。そんな状況なので、誰がその番組を作ったのかなど断定できません。

ただ、企画に最初から携わった時はファウンダーのひとりとして、ひそかに誇りは持ち続けていますし、プロとして「あの企画はあのディレクターの仕事だ」とか「あのコーナーはあの放送作家のアイディアだな」というアンテナは張っています。なぜならば、次にそのジャンルの企画を考えなければいけない時に、心強い味方として声をかけたい状況があり得るからです。

私も「スポーツ系の企画をやるのでぜひ！」と呼ばれることが時々あります。この〝一芸〟はあらゆる業界で重宝されると思うので、皆さまもぜひ好きなことを究めて周りの人がそれを必要とした時に呼ばれるくらいの〝通〟になってください。

実際、学生時代に競馬というマニアックな趣味にハマりましたが、さすがに何でもありのテレビ界でもこれは役に立つことはないだろう……と思っていましたが、私が競馬好きということを聞きつけたフジテレビ競馬班のスタッフからオファーをキャリア20年目にしていただきました。以来10年以上、競馬中継に携わることになった他、馬主にもなったり、拙著『感動競馬場　本当にあった馬いい話』という競馬関連の本の執筆をしたり……といろいろなことにつながりました。本当に何がきっかけになるかわかりません。

チャンスは安易に近寄っていっても、なかなかつかめない印象があります。それよりも得るために目の前のことに没頭し、チャンスが近付いてくることを待つ方が近道のような気がします。少なくとも私はそのおかげで30年間、この仕事が続けられていると信じています。

タレントにはほとんど会わない！

ここまで読んできて、ちょっと不思議に感じている方がいるかもしれません。

「テレビ業界の話なのに、派手な場面がほとんど出てこない……」

華やかなイメージのあるテレビ業界への印象や、まがりなりにも〝作家〟である放送作家という言葉の響き。メディアに登場する有名放送作家の目覚ましい活躍ぶりなどから、もうちょっと華々しいイメージを抱いていた方が多いかもしれません。

実はほとんどの放送作家はとても地味な日々を送っています。テレビ局や制作会社で行われる会議に出る、自宅ないしはカフェで台本や企画書を書く……実態はほぼそんな毎日です。制作スタッフとは密に顔を合わせますが、それ以外のテレビ関係者に会うことはほとんどありません。

唯一、晴れ舞台に顔を出す機会ともいえるのがロケ現場やスタジオ収録の立ち合い。とはいえ、そこでも出演者との直接的なカラミはほぼありません。主な仕事はスタジオの隅から収録の流れをチェックして何を扱うべきなのか、あるいは逆に何を短くすべきなのか……などを演出サイドに俯瞰の意見として伝えることです。必死に考えた上でロケをし、さらに何日もかかって編集してきた思い入れの強いディレクターとは違う目線で気になったことを進言する立場として現場にいることがほとんどです。

これもあくまでオプションのようなもの。設計士が建設現場で工事スタッフにアレコレ言わないように、料理研究家が人様のキッチンで口出ししないように、必要最低限のことを一部のコアスタッフにしか伝えません。あくまで現場は制作スタッフが中心。完成度に問題がある時や強く意見を求められた時は全体に伝わるように話すこともありますが、そうでない限りは懇意にしているプロデューサーやディレクターに私見として、こっそり伝える程度にしています。

繰り返しになりますが、テレビは集団で作り上げる作品。職務を越える行為は長い目で見るとプラスではないですし、指揮系統に乱れが生じます。そこをわきまえた上で発言するように常に意識しています。このあとに触れるプレビューという作業の中でスタジオの問題点はかなり修正できるので、現場の雰囲気が重要なスタジオ収録では波風を立てないという意味合いもあります。

トーク番組や大人数のゲストが出演する大型番組となると、ちょっと事情が変わります。放送作家にも「タレント打ち」という仕事が回ってきます。これは出演者の皆さんにどんな番組内容でどんなコメントを番組的にしてほしいのかを伝えるために楽屋にお邪魔して打ち合わせするというもの。制作スタッフの人数に限りがあるので、そのフォロー役としてタレントさんと対面します。普段からロケやスタジオで直接コミュニケーションをとっているプロデューサーやディレクターと違い、放送作家は芸能人と話すことに慣れていないので、毎回、緊張して臨んでいます。

ある意味、これが唯一のタレントさんとの接点といってもいいのですが、私自身はあまり得意でなく、この仕事がある日の収録は朝から憂鬱になることも。何度も台本を読み返してやりとりのシミュレーションをして臨みますが、オーラのある方々に説明することへのプレッシャーは30年間この世界にいても慣れることがありません。たいていは優しい方でこちらの言葉足らずの説明も先回りして理解してくれるので助かりますが、本来は迎える側の一員なのですから、もうちょっとしっかりしないと……といつも反省しています。

準備も順調、タレント打ちもなし、単にオンエアよりも先に面白いシーンをみせていただいている……という気楽な状況の収録が一番楽しいというのが本音です。特に自分が担当した企画や台本が実際に番組の一部として進行している時は放送作家冥利に尽きます。多くの場合、他の会議や原稿作業に追われ、収録に顔を出せないことがほとんどなのですが。

そんなスケジュールなので、本当に芸能人とお話しすることはめったにありません。ありがたいことにベテランゆえチーフ構成を担当させていただくことが時々ありますが、チーフと名乗っていながら出演者と面識がないことも結構あります。番組スタート時に一度や二度はご挨拶に伺いますが、新番組の1回目の収録でお会いしたとしても出演者にしてみれば、数多くのスタッフを一気に覚えなければならない状況。直接アテンドするプロデューサーやディレクターでさえ何名も周りにいるのですから、そんなに一気に覚えられるわけがありません。タレントさんにしてもプロデューサーから「放送作家の村上さんです」と紹介されたものの、スタジオで何か重要な役割を果たすわけでもなく、メモを取っては時折、制作スタッフに囁く怪しげな人物をそうそう覚えようとはしないでしょう。

幸いなことに私は若い頃にロケ番組やトーク番組を担当することが多かったので、比較的、タレントさんとご一緒する機会に恵まれましたが、懇意にしていただいている方々はカンニング竹山隆範さん、麒麟の川島明さん、安田美沙子さんなど本当に限られた数名です。これがプロデューサーやディレクターならばロケや収録中に常に接していますし、仕事終わりで食事に行くので顔が広い方が結構います。「タレントさんと仲良くなりたい」という気持ちだけで、この世界に入ってもらうのは困るのですが動機のひとつとしては充分ありえます。ただそこに重きを置くようでしたらプロデューサーかディレクターを目指して下さい。

男性アナウンサーとは立場が近い!?

芸人さんと一緒にネタを作り上げるような座付き作家と呼ばれるパターンもあるので、全ての放送作家さんがタレントさんと無縁というわけでもありません。

それでも、いくつもの番組を抱える売れっ子放送作家ほど会議と原稿書きに日々追われているので、タレントさんとの接点はむしろ少ない気がします。一緒に仕事しているタレントさんは多いはずですが、スケジュール的にそうなってしまうわけです。

以前、お笑い芸人Hさんがオープンしたレストランに何人かの作家仲間とお邪魔しました。その際、気を利かせてHさんが挨拶しに来てくれたのですが、作家仲間のひとりが「はじめまして……ですよね」と切り出して驚いたことがありました。Hさんは作家仲間がチーフ構成を務める担当番組に準レギュラーとして、よく出ていたからです。

冷静に考えると、自分も長年ご一緒していながらキチンと挨拶できていないレギュラー出演者は結構います。ロケが中心なので会えない、途中加入のため挨拶しそびれている、一度挨拶したものの覚えられていないが、いまさら名乗れない……一番悩むのはそういった関係性のタレントさんと違う特番などで会う時です。仁義として挨拶すべきか、それとも相手が戸惑うだけだからスルーか……葛藤の末、担当ディレクターなどにあらためて紹介してもらうことが多いですが、同じ制作スタッフの一員でありながら一歩引いたところにいる放送作家ならではの悩みといえるでしょう。

そんな状況で比較的、出演者サイドにいながら仲良くなる職種の方々がいます。それは局のアナウンサー。ここでぬか喜びしてはいけません、あくまで男性アナウンサーです。社員のために楽屋もなくスタッフ控室にいることが多く、かつ番組が始まるまで意外に所在がないところは放送作家と一緒。制作陣に声を掛けられて番組に呼ばれるという経緯も同じ。さらに言葉を使う仕事として共通の話が結構あるので、トークにも事欠きません。

私の場合、スポーツ番組を担当することが多いので、実況アナウンサーに会う機会が多いということもありますが、バラエティー番組でも男性アナウンサーとは話が弾み、仲良くなることが結構あります。男性アナと仲良くなりたい方はぜひ放送作家を目指してください。そんなニーズがあるかどうかは知りませんが。

ちなみに女子アナウンサーはタレントさん同様、かなり遠い存在です。社員ではありますが現場では出演者さんのホスト役として本番前からフル稼働していることが多いので、なかなかお話しする機会がありません。

同じ言葉を扱う仕事にナレーターさんがいますが、こちらもなかなかお会いする機会に恵まれません。若手の頃は編集所にカンヅメになり、ディレクターの横でどんな内容になるのかをチェックした上でナレーション原稿をイチから書いて、収録が終わるまで立ち合っていましたが、今はネット経由で送られてきた映像と原稿を元に書いて、それを担当ディレクターに送るだけ。収録現場に行く必要がないので、ナレーターさんとお会いする機会が本当に減りました。

まがりなりにも自分の書いた原稿を読み上げてくれる大切な存在なので、なるべく最初だけでもご挨拶しなければと思っているのですが、なかなか時間がとれないのが実状。15年続いている「もしもツアーズ」、19年続いている「ウチくる!?」のナレーターさんにも数回ご挨拶したくらいです。これまで何百回と自分が書いた原稿を読んでいただいているのにもかかわらず、恐縮の極みです。この本を脱稿したら、お詫びも含めて担当番組のナレーション録りの現場に顔を出して、あらためてご挨拶して来ようと思っています。また緊張しちゃいそうですが。

放送中のテロップも作家の仕事

世の中の進歩と同様、テレビ番組も作りがより緻密になってきています。それに伴い、これまでになかった新たな仕事が放送作家の世界でもいくつか生まれています。

真っ先に挙げられるのが、近ごろのテレビ番組に欠かすことのできない「テロップ」の考案およびチェック。テロップとは番組中に表示される言葉のこと。画面の四隅に小さめの字で記されているものは「サイドテロップ」、画面下に状況などが必要な時に表示されるものは「説明テロップ」と呼ばれています。この他にも出演者のセリフを同時に出す「コメントフォロー」などもあり、今やテレビ番組の画面は多くの言葉で埋め尽くされています。

多くの場合は担当ディレクターが中心となり、第一案を編集時に考えて言葉を入れていますが、その整理を放送作家が手伝う機会が増えてきました。サイドテロップならば、そのシーンの見どころにむけてどんなキャッチが効果的なのか？　きっちり説明したいところだが短い文章でどう簡潔にまとめるか？　文章力とともにビジュアルのセンスが求められる仕事です。

私の周りではサイドテロップは1行13文字程度で2行まで……というのが標準的な量です。26文字でまとめなければならないので、かなり作業に時間がかかります。

長年、「F-1GP中継」や「世界卓球」といったスポーツ中継で、このテロップ案を考えるという仕事を担当していました。自分が考えたアイディアがそのままオンエアに載る気持ちの良さはありましたが、それ以上に生中継の間に起こった事に的確に対応する言葉を選ばなければならないので、むしろプレッシャーの方が大きかったです。

「F-1GP中継」に至ってはレース場内に駐車する中継車内での作業でした。目の前でチーフディレクターがカメラ割りの指示をする最前線。ピリピリとした雰囲気に呑まれることなく、レース中継を観ている皆さんをよりひきつけるような26文字を考えなければいけません。スタートしてからゴールするまで、ずっと張り詰めた気持ちでテロップを打ち出すオペーレーター役を兼ねた担当ディレクターと相談し、限られた時間の中で少しでも目を惹くように話し合っていきます。この時はスタート前から中継終了まで、中継車にこもっての作業です。担当しているスポーツ中継の現場ではありますが、レースそのものを生で観ることはできません。

これはスポーツ中継を担当する全ての制作スタッフの〝あるある話〟。スポーツが大好きでこの仕事に就いたのにも関わらず、試合の生観戦はほぼ叶わないのです。10年近く、日曜日の競馬中継の担当をしていましたが、「実況のコメントに不備はなかったか？」「レース中に出されているテロップは適切だったか？」などを競馬場内にあるスタジオ横の小さいモニターでリアルタイムでチェックしていました。競馬場にいながらライブでG1レースは観ていなかったのです。

格闘技中継も同様で、大みそかの「PRIDE」中継では昼前から午後にかけては会場のさいたまスーパーアリーナにいて出演者打ちなどに立ち合ってから、試合開始前にチーフディレクターと車でお台場まで移動。フジテレビ本社内にある特設の編集センター内の、これまた小さいモニターで試合をチェックしていました。

オリンピック中継に至っては1996年のアトランタ五輪から2016年のロンドン五輪

まで実に6回にわたって中継番組をお手伝いしていますが、現地に行ったことは一度もありません。期間中は局内に作られたスタッフルームで台本作業などをし、生中継の時はスタジオの副調整室にスタッフと共に移動、開催地で撮影されている生放送の立ち合いをする日々を過ごしてきました。

2020年の東京五輪はずっとオリンピック中継を担当してきた集大成なので、ぜひともお手伝いをしたいとは思っていますが、同時に自国開催という生観戦できる一生に一度のチャンスだけに仕事にすべきなのかは悩ましいところ。

ちなみにオリンピック中継は現地に行ったところで大変なことに変わりはありません。北京五輪の時、急遽派遣された放送作家仲間Eくんは I B Cと呼ばれる放送センターに1日1回限り入場できるパスしか申請が通らず、建物に一度入ったら夜中まで仕事をさせられる……という過酷な生活を余儀なくされていました。

いずれにせよ、スポーツ中継の場合、制作スタッフになるとむしろ生観戦できないケースが圧倒的に増えます。プロデューサーはタレントさんのフォローという役目があるので、一緒に観戦することが時折あります。スポーツ中継を生業にしつつもスポーツをライブで観たい方はディレクターや放送作家ではなく、プロデューサーを目指してください。

それでも人手不足の時はプロデューサーとて例外ではありません。海外で行われる競馬の国際レースの中継に行った仲のいいプロデューサーから聞いた話です。日本馬の優勝の期待が高まる中、いざ現地に行くとゴール前に入る人数を制限されたためビデオカメラを回す役を兼任せざるを得ませんでした。しかもレースを生観戦するタレントさんの表情を追うという役割。コースを背にしてタレントさんの顔を撮り続けるため、全くレースを観ることができないのです。迫りくる名馬たちの蹄の音を背中に感じながら、タレントさんの興奮した表情とセリフでなんとか日本馬の勝利を知ったとのこと。スポーツが大好きでスポーツの現場にいながら、生観戦はできないという典型的な例です。

スポーツ番組には必須！ キャッチの考案

テロップ同様、スポーツ番組で最近欠かせないのが、〝キャッチ〟と呼ばれるもの。認識としては選手などにつける特徴をあらわしたアダ名だと思ってください。古くは「燃える闘魂」「テキサスの暴れ馬」「仮面貴族」などプロレスラーの異名のイメージがありましたが、今ではあらゆるスポーツ中継で使われることが当たり前になりました。その先駆けとなった「世界陸上」を始め、「ワールドカップバレー」「世界柔道」「世界卓球」、さらにオリンピック中継などで、選手や試合のキャッチを考える仕事を担当させていただきました。

格闘技ならば「天下無双！　火の玉ボーイ」「グレイシーハンター」など勇ましい印象のキャッチですが、競技によっては方向性を変えていく必要があります。特に女性アスリートの場合、選手自身が気にすることがあるので慎重に決めていきます。「ワールドカップバレー」の時、全日本女子のキャッチを決める会議がありました。当時のキャプテン・竹下佳江選手のキャッチを決める時に「世界最小最強セッター」という案を出しました。159センチというバレー界では常識外の小柄でいながら、世界トップクラスの技と頭脳を兼ね備えるセッターであることへのリスペクトを込めての命名でした。これが採用となり、彼女はこのキャッチで長年紹介され続けていました。

ところがある時、担当番組である「ジャンクSPORTS」にバレーボール全日本女子が出演した時、竹下選手がこのキャッチをあまりお気に召していないことが発覚しました。確かにチームメイトの「スーパー女子高生」「かおる姫」「プリンセスメグ」などと比べると、かわいらしさが欠けています。これを機に女性アスリートには極力キュートな要素を加味するように心がけるようにしました。竹下佳江さん、その質実剛健なキャッチを考えたのは私です。女性らしさに欠けるキャッチですみませんでした！

ただ、その時に司会の浜田さんが「ならば、新しいのを考えましょう。床ギリギリでボールを拾うのが上手いから『床上手』でどう？」と発言し、「じゃあ、このままでいいです」という展開になったことも付け加えておきます。

このキャッチ会議、文章自体はとても短いですが一言で選手を紹介するという重要な役割を帯びているため、決めるまでにかなりの時間を要します。長い時間かけて何回も意見を出し合い、プロデューサー、チーフディレクター、チーフ作家といったコアスタッフの誰もが納得するまで話し合います。選手の特徴を伝える最大の武器であることを、どのスタッフも理解しているからです。先ほどのように選手がどう感じるのかも配慮するので、いい言葉が思い浮かんでも断念する時もあります。例えば、アニメに出てくるブサイクだけど人気キャラに似ている場合、それをアレンジして使いたくなりますが選手がどう思うかを考えて諦めます。またトップアスリートが出場する大会では〝王者〟や〝女王〟が多いので、誰にそれをつけて誰を違う言い方にするのか……という相対的なバランスも考えなければいけません。一見、安易そうにつけられたキャッチも実は推敲を重ねた結果、シンプルになっているというパターンも少なくありません。ただし、あまりに情報が少ない場合は、その国名と選手の外見だけでササッと決めてしまうこともあります。「モンゴルの暴れ馬」「ペルーの鳥人間」などは、格闘技系ならばうまくハマりそうですよね。選手の肉体的特徴や技の傾向などの情報が入れば、それを加味して「暴れ馬」が「白鯨」になったり、「鳥人間」が「怪童」になったりするわけです。主役級でない場合はこのくらいの感じで命名されることも状況によっては起こり得ます。ちなみにこれ、周りのキャラを覚える時に使うと便利です。皆さんも血の気のない表情で夜中まで働く社員を「残業の青鬼」とか、活気のない社内でやたら元気な女性社員を「丸の内の元気印ＯＬ」とか名付けてみてください。

サイドテロップや選手キャッチなど番組中に画面に表示される言葉は多々ありますが、出演者の発言コメントをチェックするのも放送作家の仕事のひとつ。出演者のセリフを書き起こすのはもちろん、突っ込みコメント的なものについてもアドバイスする機会が増えてきました。それがプレビューと呼ばれる、これまた放送作家の新たなお仕事で非常に重要なミッションとなっています。

技術の進歩で変わる編集体制

〝プレビューチェック〟は、ここ数年でもっとも重きを置かれるようになった放送作家の仕事です。もともとは編集されたVTRを主にチーフディレクターが中心となってチェックして、自分の演出プランに合った直しを指示ないしは自ら編集し直す。それをオンエア直前にプロデューサーが中心となり、放送上ふさわしくない内容が含まれていないかなどの最終チェックをする。これが長年、プレビューと呼ばれていた作業の本来の目的でした。前者はよりよい作品にするための確認作業、後者はモラルなどの確認という意味合いでした。

ところが10年くらい前から、このプレビューに放送作家が参加する機会が増えてきました。俯瞰の目線から意見を言う立場として呼ばれるようになったのです。これにより会議、ネタ出し、台本作成、ナレーション作成というこれまでの作業のほかに、プレビューチェックという仕事が加わりました。

これが主流になったのは編集スケジュールが変わったことも影響していると推測されま

す。この世界に入った頃、担当していた「元気が出るテレビ!!」ではロケ終わりですぐ編集所に入り、担当ディレクターの裁量で繋いだVTRをチーフディレクターであるテリー伊藤が個別にチェックし、それをスタジオ収録で見せていました。

その後、スタジオの観覧者や出演者のVTRへの反応を参考に大方針を決め、放送日に向けて再編集するというパターンが定着していました。ただイチから編集するのは作業時間も編集費用もかかります。そこで生まれたのがオフラインという方法です。

これは本格的に編集所でつなぐ前に簡易的な編集機材でとりあえず映像をつなぐ作業。編集所を使うことなく簡単な機材が並ぶオフラインセンターという場所でディレクターがひとりで繋げるシステムができたため、一気にこのスタイルが広まりました。

テレビ局の周りにいくつものオフラインセンターが生まれ、そこで第一段階の編集をするパターンが広まりましたが、技術革新はさらに進みます。パソコン上で動く「ファイナルカット」などプロ仕様の編集ソフトが誕生し、オフラインセンターに行くまでもなくパソコンさえあれば自宅やスタッフルームで編集作業ができるようになったのです。準備さえ整えばロケ終わりで即座につなぐことができるようになり、編集時間の短縮につながっていきます。

こうして、本格的な編集を前に気軽にオフライン編集ができるようになったため、プレビューする時間的な余裕が生まれてきました。ちなみになぜオフライン編集というのかというと、これまでの撮影→編集→納品という一連の流れの中からＰＣなどで外に持ち出すことになるため。編集所での編集はオンライン編集ということになります。実は私も今回、ふと疑問に思って知り合いのディレクターに確認して事実を知りました。

より緻密になっている番組制作

編集スケジュールの変化によって、放送作家が加わるプレビューはより盛んに行われるようになりました。スタジオ収録前のプレビューに、スタジオ収録後の本編プレビュー。この二つに出席することがいまや当たり前になっています。この中で大きな直しが生じた場合、さらに追加招集がかかることも。

プレビュー会議における放送作家の立ち位置は意外に難しいものです。収録やロケに行っていないため現場の都合でできなかったことをつい指摘してしまったり、チーフとロケディレクターが個別に話し合って方針が変わったのにも関わらず、「もともと決めていた方がよかったのでは……」と言ってしまったり。

とはいえ、指摘しないわけにはいかないので、リスクを承知で忌憚ない意見を遠慮なくぶつけていきます。制作スタッフは苦労してロケしたものを何度も見直しながら編集しているため、その思い入れの部分を冷静にそぎ落とすことが主な役割となります。むやみにカットしてしまうと視聴者に伝わらなくなるため、「その場合に編集をどう変えていくのか？」という話し合いがポイントとなります。「どのタイミングでどんなナレーションを足せばいいのか？」「その時の映像はどのようなシーンがより適切なのか？」など、かつては担当ディレクターがひとりで悩んでいたことを今はプレビューの場でプロデューサー、ディレクター、放送作家が意見を交わしながら細部まで詰めていきます。担当ディレクターのテイストが出にくくなるというデメリットはありますが、多くの意見が取り入れられて緻密な構成になるなど、メリットも大きいので多くの番組がこのシステムを採用しています。同時に全体構成もキッチリと話し合うため、筋の通った番組がますます増えてきています。

プレビューチェック中に最近よく指摘するようになったのが、出演者のコメントのテロップをどうするか、ということについてです。どのセリフを画面上に出し、どこをスルーするのかまで細かく決めることがあります。会話の流れがよりわかりやすくなるので、「ウチくる!?」のようなトーク番組ではかなり突っ込んだ議論がされます。ひと昔前は音を消していても内容がわかるくらい全てのセリフを起こしている番組が少なからずありましたが、最近は画面を文字で埋めすぎることで、むしろ視聴者にストレスを与えかねない……という意見が聞かれるようになりました。皆さんも文字の多さに辟易した経験は一度ならずともあるでしょう。そんな声が高まってきていることもあり、ほどよきテロップ量、ほどよきナレーション量を意識する演出家が増えています。視聴者の要望を受けて、様々な試行錯誤をしながらテレビ番組はより高度な作品へと進化していくのです。

テロップそのものを入れるだけの編集日が設定されたり、プレビューの回数や参加人数が増えたりと、その工程は年々増える傾向にあります。そういった努力によって番組の質が向上するのですから、その手順を割愛するわけにはいきません。一見、ただ撮ってきたものを適当に繋いでいるように思えるかもしれませんが、それもあえて手がかかっていないようにみせる演出だったりします。9割以上のテレビ番組はオンエアに至るまでに多くのテレビマンの汗と知恵が凝縮された芸術品です。まれに我々でさえ「アレッ!?」と思う番組が放送されていることもありますが。

番組紹介文も大切な仕事

放送作家の知られざるお仕事は他にもあります。最近は自宅に新聞を取らない家庭も増えていますが、新聞を読む上で欠かせないテレビ欄。あの紹介文を考える時もあります。この業界に入る前は新聞社の担当が考えているものだと思っていましたが、実は制作スタッフが考えて新聞社に提出しています。

オンエアが近づいてくると、あのテレビ欄と同じマス目の原稿がプロデューサーから送られてきます。それを穴埋めの要領で紹介文として送り返します。この時に気を付けるのは横書きの1行10文字に合わせて読みやすい文章にすること。冒頭を飾る番組タイトルも10文字以内で納まるように考えますし、タレントさんの名前が切れ切れにならないように調整します。

最近、行の最初の1文字を縦に読むとそれが別の意味の文章になっているという〝縦読み〟のテレビ欄が話題になりましたが、限られた中でいかに読んでもらえるかをアピールしなければなりません。

例えば春の格闘技中継で3月に卒業した元女子高生の選手が出場していました。素直に表現すれば「元女子高生ファイター」ですが、たいていの女性は元女子高生なので、ちょっと注目度としては弱いかもしれないと思いました。そこで「JK制服脱いだ○○」というキャッチを送りました。こうなると格闘技好きでなくても、気になりますよね。10文字以内なので1行にキレイにはまり、見栄えもいい感じに。このキャッチはテレビ欄のみならず、サイドテロップでも採用されました。

このような言葉の置き換えを何パターンも作ります。1時間番組の場合はタイトル込みで60文字、2時間番組の場合は120字ほど。放送時間に伴い、どんどん文字数が増えてきます。年末の超ロング5時間特番などになると、300字以上になることも。担当したことはありませんが、もし24時間テレビのテレビ欄担当者になったら、相当なプレッシャーに悩まされることでしょう。

EPGというデータ放送用の紹介文も最近はお願いされることがあります。こちらは文字数が多いのでテレビ欄以上に苦戦します。主に新聞のテレビ欄をチェックして観たい番組を決めていた世代なので、いまひとつEPGを書くことにモチベーションがあがらなかったのですが、最近の調査では若い世代を中心にネット検索で視聴したい番組を探す傾向が顕著なため、むしろ力を入れなければいけない仕事になりつつあります。

好きなテレビが始まる前にリビングに集まりリアルタイムで視聴していた世代としては、携帯でネット検索してアーカイブ（再放送）を楽しむという現代の若者の視聴傾向に若干の戸惑いはありますが、それはいまなおテレビ番組が主要コンテンツであることの証。時代の流れに取り残されないように精進していこうと思っています。

有料サイトの普及などによってテレビ業界には新たなビジネスチャンスが生まれつつあります。「テレビはオワコン」と揶揄されることがありますが、いまのところテレビ業界に勝るコンテンツ制作のプロ集団は出現していないと自負しています。他ジャンルの映像部門で活躍しているクリエイターも多くはテレビ出身ないしは現役テレビマン。ゆえに放送作家もまだまだニーズはあるはずです。

このあとは私の体験談を元に放送作家へのなり方や仕事の楽しさを紹介していきたいと思います。どうやってなるのか？　収入はどうなっているのか？　休みはとれるのか？　なんだかよくわからない仕事の代表のような放送作家の内情をあますことなく公開していきたいと思います！

第2章

放送作家という生き方

テレビ業界に休日はない

まずは就職の際、誰もが気になる勤務体系や就業時間について触れていきましょう。私の場合、朝7時ごろに起床して9時過ぎから自宅で原稿書きを始めます。その後、昼頃に外出して夜まで各局で3本ほど打ち合わせや会議に出席。帰宅後、朝の作業が終わっていなければ自宅で再び原稿書き……という日々を過ごしています。一見、普通のサラリーマンとあまり変わらない勤務時間ですが、現在は「炎の体育会TV」（TBS系）、「ウチくる!?」「もしもツアーズ」「フジヤマファイトクラブ」（フジテレビ系）のレギュラー4本といくつかの特番を担当している程度なので、このくらいのペースで済んでいます。それぞれの定例会議、分科会、スタジオ収録などに参加する時間や原稿書きの作業時間を合わせると、ちょうど月曜日から金曜日までの朝から夕方すぎまで働くくらいのスケジュールになっています。もう50歳を越えているので、このくらいの忙しさがちょうどいい感じです。

40代半ばまではレギュラー番組だけで10本以上抱えていたため、早朝から夜中まで時間に余裕のない毎日でした。連日、朝イチで起きて原稿書きに没頭。午前中から夜遅くまで会議で喋りまくり、その高いテンションのまま帰宅して、眠気の限界が来るまで原稿書きという、今思えば我ながらよく体を壊さなかったな、というハードな生活でした。

当時は競馬中継を担当していたため、日曜日も生放送の立ち合いがあり、休みではありませんでした。休日らしい休日は1か月に1日か2日。原稿書きなどがあれば、それも返上です。しかも、40代半ばまで独身だったため、せっかく早く終わった時も仕事仲間とそのまま食事に行って、夜中まで飲んでしまうという不健康な日々を送っていました。いつ病気になってもおかしくない環境でしたが、幸いなことに大病とは無縁のまま、ここまで年を重ねることができました。

総じて放送作家は文系人間にも関わらず生命力の強いタイプが多いようです。この仕事を目指す人はあらかじめ体力をつけてから、この世界に飛び込んできたほうがいいと思います。実際、病弱なタイプはふと気が付くと周りから消えています。睡眠時間が短くても大丈夫、かつどこでもすぐに眠れる、まさにガテン系のようなタイプが最終的には生き残っていています。何しろ代役はいつでもいるフリーランスの世界。よっぽどの才能やキャリアがない限り、ちょっとした病気でも即〝卒業〟させられてしまいます。

テレビ業界にそもそも完全な休日はありません。土日であろうが祝日であろうが、番組そのものは休止にならないので普通に仕事があります。暦の都合で休止になるのは年末年始くらい、その場合でも特番を担当していれば働かざるを得ません。基本的にオンエアがあろうがなかろうが、定例会議が休止になることはほぼありません。なので、たいていの放送作家は国民の祝日を全く把握していません。いつもより混雑していない電車に乗り合わせたり、首都高速で渋滞があまりない時に「あ、今日は休日か！」と気づきます。

最近は月曜日が祝日になることが多いので、週末の視聴率がまとめてくるはずなのに届いていないことで知る……というパターンもあります。担当番組のオンエアが祝日の場合はテレビを観てくださるターゲット層がいつもとは微妙に異なるので、さすがに把握していますが。

それでも最近はテレビ業界でも勤務時間や休みを取ることへの意識が高まってきています。夜7時以降あるいは土日に定例会議はしない、深夜のスタジオ収録は特別な場合を除いて行わない、などの勤務短縮を目指すルールが広まりつつあります。

ただ、我々は働いてナンボのフリーランスであり、忙しいことはむしろ仕事があるという幸せな状況です。個人的にはテレビ番組作りそのものはとても楽しい行為だと思っているので、休みがないことを不満に感じたことはありません。

キッチリ休みをほしい方は放送作家には向かないと断言できます。1週間くらいお休みして海外旅行なんてことは新婚旅行以外ではほぼ経験ありませんし、ゴールデンウィークや年末年始も通常業務です。ここ数年、ツイッターやフェイスブックで他業種の友人たちの海外旅行の写真などを見ることが増え、羨ましい気分になることもありますが、高速道路の渋滞情報をみて、「相模湖ICから20キロの渋滞だって!? こんな時期に休むから巻き込まれるんだよ！」と心を落ちつかせて、仕事に励んでいます。

近頃は暦に合わせて定例会議が休みになることも増えてきましたが、放送作家の場合は掛け持ちが多いので、ガッツリ休む夢はまず叶いません。奇跡的に休みが重なっても発表されるのが2週間くらい前なので宿も飛行機もロクにとれません。制作スタッフ陣は日常的に一緒にいて何となく休みの時期を把握しているため、こちらが急な休みに戸惑っているのに「来週から家族でハワイに！」みたいな話を休み直前の会議で告白されたりします。「こっちにも早く教えてよ！」と思うものの、他の番組の仕事があって休めないので一緒だと割り切っています。

朝早く起きてやるべき作業を会議の合間にできたり、カフェでちょっと読書するなど時間的な余裕は生まれますが、仕事仲間がハワイを満喫していることを思うと、多少の切なさは払拭できません。

放送作家の正月休み

新番組が始まる改編期となる4月と10月はテレビ業界にとっては繁忙期。新番組に関わらなくても大型特番が多いので、この時期はフル稼働となります。さらに11月以降は年末年始特番や1月スタートの新番組の準備などがあるので、年末もノンストップで働くことが多いです。

そんな中、遅めの正月休みをとるのが放送作家の間で最近は流行っています。正月番組だけはいまでも溜め録りする傾向があることと、テレビ業界のオフシーズンが1月から2月にかけてだからです。

私の場合、12月前半の「日本有線大賞」、大みそかの「RIZIN中継」というビッグイベントが立て続けに控えているので、正月明けまでは休みを満喫することはできません。こうなるともう、一年の最後の日までお仕事があることを幸せだと思うしかありません。よって、我が家の正月休みは1月中旬あたりになります。ピークを越えているタイミングなので、人気リゾート地へ行くにはむしろ都合がいいですが、友人たちと予定を合わせて一緒に出かけることはほぼできません。

私がよくやる休みの取り方は地方でお仕事する時の前後を空けられるように調整することです。毎年8月末に「お笑いバイアスロン」という沖縄のお笑いコンテストの特番を担当しているため、夏になると3回ほど那覇を行き来します。その中で比較的、スケジュールが取れそうなタイミングをみつけて家族を同行させます。旅費も節約できますし、あくまで仕事のついでなので、こっそり休みを取ったかのような罪悪感もありません。

ただ、いつも以上に気持ちの切り替えが必要になるのも事実。当日昼までリゾートホテルにいたのに、その1時間後に芸人さんのコントや漫才の審査をするのです。なかば自分に暗示をかけながら仕事先に向かいます。

長い休みはなかなか取れませんが、会議が中止になったり、移動中に空き時間ができることも多々あるので、そんな時に気分転換を兼ねたプチ旅行ができるというメリットはあります。ちょっとしたことで気持ちをリセットできる方は放送作家に向いていると思います。

私の場合は競馬と神社巡りが趣味なので、空き時間ができると大井競馬場や川崎競馬場に足を運びます。競馬開催がない場合はNHKだったら明治神宮、TBSだったら日枝神社、テレビ東京だったら愛宕神社に行って仕事運や競馬運を祈願してきます。

こういう機会を作り、いったん仕事や悩みを全て忘れることで新たなアイディアが生まれることがあります。社会人で自由にデスクを離れたりすることはなかなかできないかもしれませんが、会社の周りや通勤ルートでひと息入れられる場所や趣味を楽しめるスポットを確保することで、リフレッシュすることはできるはずです。

私はフジテレビに行くときに時間的な余裕があるときは、あえて水上バスに乗ってクルーズ気分を味わったり、レインボーブリッジを歩いたりします。そんな小さな旅でも後に何かの役に立つ発見があります。水上バス乗り場で新しいタイプの船があることを知って旅番組に提案したり、お客さんの反応を盗み聞きしてどんな観光名所を回るのか情報収集したり。ただ、あからさまに聞き耳を立てているのがわかると奇異な目でみられたり、警戒されたりするので、ほどほどにはしています。

このように日常の中にアイディアの素は隠れています。同業者や同じ環境にいる仲間とずっといるだけでは固定観念に陥りがち。私も違うジャンルで働く友人とは積極的に交流することを常に意識しています。仕事に直結すれば儲けものですし、そうならなくてもお付き合いそのものが楽しめます。新しいことを考える上で自分の住む世界の常識に縛られることほど危険なことはありません。特にテレビの世界は視聴者に振り向いてもらってナンボの世界。自分の興味のあることや面白いと思うことをベースにするのは当然ですが、同時に独りよがりにならないように自戒することが求められます。特殊な勤務体系の中で、この時間をどう捻出するのか。スケジュールを管理する能力も求められます。

スケジュールの変更は日常茶飯事

放送作家は長い休みが取れないということはご理解いただけたと思いますが、そもそも朝令暮改でスケジュールが変わっていくので、プライベートの時間さえままならないというのが実状です。別にイジワルされているわけではなく、ロケの下見（ロケハン）の結果で内容が変わったり、出演者と打ち合わせして方向性が見直しになったり、編集スケジュールが押してナレーション資料の到着が遅れたり……というようなことが日常茶飯事だからです。

しかも、放送作家は発注を受ける立場。これがプロデューサーやチーフディレクターならば仕切る側ですので、自分の都合に合わせて時間調整することができますが、こちらは突然、「緊急会議を開くことになりました。今夜8時からお時間ありますか?」という連絡を受ける側。もちろん、先約が入っている場合はスケジュール再考をお願いしますが、この手の連絡はたいてい非常事態宣言のようなものなので、ほぼ駆けつけることになります。

個人的にはピンチに呼ばれる救援投手のような気持ちになれるので、急に呼ばれること自体はそんなに苦痛ではありません。これを見て「アイツ呼べばすぐ来るぜ!」と尻軽女みたいに思わないようにしてほしいのですが。それでも、呼ばれたら可能な限り駆けつけますけど。

仕事がらみのスケジュールでさえ緊急事態の前には再調整したり、キャンセルすることになるのですから、プライベートの予定に至っては言うまでもなく即座に消滅します。これまで何度となく、友人たちとの食事会をドタキャンし、行きたかったライブやお芝居のチケットを人様に譲ったことか。

特に印象に残っているのが日曜日の競馬中継のあと。当時はオンエアが終わってから1時間ほど作業をして御役御免になり、ようやく月曜昼までお休みできるというスケジュールでした。そこが1週間で唯一、何もしなくていい半日だったため、競馬場に来ている友人たちと食事する予定をよく入れていたのですが、そんな貴重なプライベートタイムにもかかわらず、緊急招集のお知らせが結構なペースで届いていたのです。

「日曜夜ならばレギュラーの予定は入れていないので集まれるだろう」という制作側の狙いもあったでしょう。実際、仕事は入っていないので声がかかったとなれば行かないわけにはいきません。競馬場から都心にはすぐに戻れるので、早めの時間に設定してくれれば頭の中はまだ仕事モードですし、終われば夜の晩酌くらいは楽しめますが、実際は緊急事態ゆえ夜中に集まることがほとんど。逆に食事会には行けますが、競馬を見終えてテンションの高い友人たちを相手にウーロン茶で過ごす時間はなかなかのもの。とはいえ、お酒なしでも楽しめるタイプなので、ついつい顔は出してしまいますが。

緊急招集だけではなく、会議時間の変更の多さもテレビ業界の風物詩といえます。どの番組も定例会議やナレーション録り、スタジオ収録などは同じ時間に固定していますが、全体の進行具合によって、会議の時間や場所が急に変わることがあります。その日にロケが入ったため、タレントさんとの打ち合わせが入ったため、番組とは別に会社員としての臨時の業務が入ったため……その理由は様々ですが、これは普通の会社や学校ではあまり考えられないことでしょう。しかも、集まる場所がテレビ局になったり、制作会社になったり、編集所になったり、はたまた駅前のカフェになったり……と集合場所が変わるのでしっかり確認しないと大変なことになります。

フジテレビだと思ってお台場に着いた時に、実は品川の編集所に場所変更だった時のショックは他に代えがたいほどの衝撃です。泣く泣くタクシーで向かいますが、結構な金額になるので会議前だというのに心も体も重くなります。もちろん、この際の交通費は自腹。この失敗談を面白いネタ話にするくらいしか回収の手段はありません。なので、フジテレビがらみの会議は、時間と場所をしっかりチェックするようにしています。

私はひとつの会議時間を2時間、移動時間を30分から1時間でスケジュールを切っています。たいていはこれでこなせますが、たまに想定外の議題で会議が長引くことがあります。そうなると以降は〝玉突き遅刻〟という苦行が待っています。全ての会議に遅れるという放送作家にとって最も避けたい最悪の事態。いくらチーフ作家であっても遅刻すると発言しにくい雰囲気になるので、少しでも早く到着するように努力しますが、こういう時に限って事故渋滞や電車の遅延など様々なハプニングが待っています。私の場合、お台場のフジテレビと赤坂のＴＢＳが主戦場なので、この往復をいかに効率よくするかでいつも腐心しています。

大人数の参加者の話し合いで会議や打ち合わせの時間は決まっていくので、通常のスケジュールでもかなり無理がある状況が生まれることもあります。前にも触れましたが一番ひどい時はレインボーブリッジを1日3往復、その間の移動時間は20分……というとんでもない時期がありました。なんとか間に合いそうな時はレーサー気分で車をかっ飛ばし、渋滞で間に合わない時は首都高から都会の景色を静かに楽しむ……くらい割り切って過ごしていました。

最近は多少仕事量がセーブできているので、このような無茶な移動は少なくなりましたが、それでも夏のお台場の殺人的な渋滞には今なお悩まされています。最近は各テレビ局とも夏休みのタイミングに敷地内で大規模なイベントを開催しているので、渋滞を見越して電車移動に切りかえるのですが、それでも駅からテレビ局の玄関にたどり着くまでひと苦労、ということが結構あります。

これも複数のテレビ局を渡り歩く放送作家ならではの悩み。制作スタッフはほぼ常駐ですし、掛け持ちしても2つか3つ。それに対し、放送作家は10本以上の番組を抱えている人もいます。ただ、あくまでコチラの事情なので、いかに迷惑をかけぬように捌くかが腕の見せ所です。事実、活躍している人ほど忙しいことを感じさせません。その余裕がまた新しいオファーを招き、ますます仕事が増えていくわけです。

放送作家は気持ちの切り替えが大切

スケジュールに関しては様々な配慮をしていても、ままならないことが結構あります。時間変更のメールが当日に届くことがかなりあるからです。しかも、携帯メール、PCメール、LINE、SNSなど様々な連絡手段があるだけに、どこに届くかわからない時がありますす。常に様々な端末やアプリをチェックして対処しなければいけません。

連絡する立場のADさんにとっては一斉送信が楽にできるLINEが使い勝手がいいようですが、芸能界には一連の不倫報道などで「LINEは怖い！」信者が多いため、使っていない関係者のために複数の連絡系統が共存しています。その結果、意外なところに届いている連絡メールを見逃すこともあります。個人的には見落としにくい携帯メールをベースにしてもらっているのですが、発信する手間がかかるため無理強いはできません。それでも会議を欠席するのはお互いにとって不利益なので、ご面倒をかけることを承知でなるべく統一してもらっています。上手に使い分ける方もいますが、連絡系統は一元化することがミスを減らす一番の手段。同じ悩みを抱えている方は思い切って何かに統一することをお勧めします。言いにくくてもミスをするよりは断然いいはずです。

こんな綱渡りのスケジュールですから、フリクションボールペンは欠かせません。時間変更、場所変更……この消えるボールペンはまるで私たち放送作家のために開発されたのではないかと勘違いしてしまうほど重宝しています。それくらい何度も時間変更があり、書き直しが生じます。3日前まで自宅作業だけだったはずが、当日朝にスケジュール帳を開くと打ち合わせを3本渡り歩くようになっていたり、逆に会議づくしの予定が急に白紙になって終日、仕事部屋で原稿書きすることになったり。おかげでシステム手帳の紙が消しゴムでこすりすぎて破れてしまうことも。

最近はアプリでスケジュール管理をするテレビマンも多いですが、私は書き込むことで記憶していくので手書きスタイルを続けています。一瞬だけ電子手帳にトライしたのですが書き込むのに意外に時間がかかること、前のスケジュールが残っていてむしろ混乱してしまう、といったトラウマがあるので今は使っていません。歳のせいか、手書きであっても書き漏らすこともありますが。

オンオフの切り替えをせずにズルズルと過ごしていると働き詰めになってしまいますが、

流動的なスケジュールゆえ会議の合間を自由に使えるメリットはあります。気持ちの切り替えが上手にできれば、意外に自分の時間を捻出することは可能です。空き時間に競馬観戦や神社巡りを楽しむ話はしましたが、多くの作家仲間もそこを上手に自分の趣味の時間にしています。ミュージアムに行く、映画館に行く、本屋さんをハシゴする、カフェで読書に勤しむ、クアハウスに行く……変わった趣味としては中古レコード店でレア盤を発掘するという人たちも。切り替えが早く、ちょっとした時間を活かして趣味を楽しめる性格の持ち主。これが長年活躍している放送作家の共通点といえるでしょう。

この仕事を目指す人は、気持ちの切り替えが上手にできるようにいまのうちから訓練しておいたほうがいいでしょう。学生さんだったら、遊びと勉強との切り替え、社会人だったら休みと仕事との切り替え、主婦だったら休憩と家事の切り替え。このオンオフがうまくできるようになると、仕事も休みもより効率的に過ごせるようになると思います。

ちなみに私は15分単位のスケジュールを常に意識しています。例えば議事進行を任される2時間の会議ならば、前半の15分は反省会、次の15分×4で新企画のお話、次の15×2で番組の構成の並べ替え、最後の15分で詰め切れなかった内容の再考……という流れにします。空き時間も同様で、1時間あれば15分はネットでニュース検索、30分は競馬関係の読書、残り15分でスケジュールと次の仕事内容の確認……というように過ごしています。

この目安があるだけで、かなり効率よく物事が進みます。いざ試してみると、15分でいろいろなことができることにも気づくと思います。ただし、これを終日意識していると疲れるのも事実。なので、休みの日はあえて何も決めない時間を作るようにしています。効率よく使うその一方で、あえて時間のムダ遣いをして余裕を取り戻す。これは全ての人に有効な手法だと思います。まずは1日だけでもそんな生活をしてみてください！　いつも以上に充実した24時間になると思います。

放送作家の恋愛・結婚事情

プライベートの時間がままならない話を散々しているので予想はついていると思いますが、放送作家は充実した恋愛や結婚と巡り合うことはかなり困難な職種です。プライベートで人と会う約束を果たすだけでも大変。異性と出会い、かつ逢瀬を重ねて関係性を深める恋愛、その先に待つ幸せな結婚など働き盛りの時には夢のまた夢でした。いくら切り替えが上手な人でも恋愛体質の方は男女を問わず、この仕事をお勧めできません。

たいていの放送作家はこの世界に入る前からの知り合いと20代前半か、忙しさもひと段落ついて生活に余裕ができる40代か……どちらかのタイミングで結婚しています。世間的には脂がのって、そろそろ身を固める時期とされる20代後半から30代中頃にかけてはもっとも結婚とは縁遠い時代といっていいでしょう。

一般社会では仕事仲間や周りが積極的に家庭を持つことを勧めてくれるでしょう。ところが放送作家の場合、起用する側としてはいつ呼び出しても駆けつけてくれる生活環境の方がありがたいので、勧めてくれる人もあまりいません。30代になっても収入はなかなか安定しないのが実状なので、金銭的な面でも家庭を持とうという気持ちになかなか至りません。仕事が軌道に乗っても半年後の改編期には番組が終わってしまったり、スタッフが入れ替わることがあるシビアな世界。テレビ局員や制作会社に勤務しているならば番組が終わっても基本給はありますが、放送作家はその瞬間に収入ゼロという立場だけに慎重にならざるを得ません。

私も45歳の時にようやく結婚することができました。決して独身生活を長年に渡って謳歌していたわけではなく、本当に結婚するタイミングがその年齢になるまで来なかったのです。同世代の作家仲間の多くも40代で家庭を持っています。なお、女性放送作家も男性ほど晩婚ではありませんが、30代中頃以上まで独身のまま、キャリアウーマンとして働き続ける方が多いです。

結婚に踏み切れない理由は他にもあります。それはこれまで散々述べてきたように日々スケジュールが変わるので、それを理解してくれるパートナーがごく限られること。帰宅時間も在宅時間もバラバラ、食事する時間もバラバラ、休みの日の約束は簡単にご破算になる……普通の感覚だったら、あまり共に過ごしたくない家庭環境です。直前にスケジュールがコロコロ変わること自体、普通の社会人として生きてきた女性には信じがたいことでしょう。

我が家は幸いなことに妻がテレビ業界で働いていた経験があるため、ある程度の状況は理解してくれていますが、確かに夫が電話一本で日曜の夜中に呼び出されて朝まで帰ってこなければ不審に思って当然です。「女と会っているのでは？」「ブラック企業の手先になっているのでは？」そんな疑念が湧いても仕方ないでしょう。でも、放送作家の奥様方、安心してください！　そんな時間に呼ばれているのはあなたの夫が信頼されている証拠ですから！……そう思っておきましょう。

放送作家はことアイディアを出す場においては積極的な発言と思考を求められますが、勤務状況はあくまでオファーをいただく受け身の立場。そういう意味では〝ポジティブ思考のＭ体質〟が最適なのかもしれません。

そもそも結婚どころか付き合う相手に巡り合うことさえかなり大変です。いろいろな番組に関わっているので、通常の社会人よりは多くの人々と仕事場で出会っていますが、番組スタッフの男女比率は９：１という圧倒的な男社会。加えて、プロデューサーやディレクター、ＡＤさんたちの制作チームの距離感に比べるとかなり離れたところにいる立場なので番組スタッフと懇意になる機会もごく限られています。

放送作家と相性のいい合コン相手とは

そんな中、どうやって異性と出会うのか。ベタですが、若い頃は仕事仲間や後輩たちが誘ってくれる、いわゆる〝合コン〟に参加することが唯一の出会いの場でした。ところが単なる楽しい飲み会に終わることがほとんど。バラエティー番組を作るプロ集団であり、普段からテレビを観ている人を楽しませることを生業としているせいか、本来ならば交遊の場として楽しめばいいのにゲームで場を盛り上げたり、オチのあるトークを競うように語ったり……という妙なサービス精神がついつい出てしまうのです。まさに悲しき性。終わってみれば先方の女性たちが「今日は面白かった！」と笑顔で帰って行ったものの、戦果としては電話番号すら聞けなかった……なんてことがよくありました。飲み会そのものはいいリフレッシュになるので楽しいひと時ではありましたが、帰り道に仲間と「またやっちゃいましたね……」と反省ばかりしていました。

常にスケジュールが未確定のため、飲み会の開催が決まるのもギリギリ。参加メンバーもドンドン変わっていきます。一度、主催者のプロデューサーがまさかのドタキャン、取りまとめ役の女性が怒って単身で乗り込んでくるという恐ろしい状況になったことがあります。一応、人を喜ばせるプロ集団なので最終的には円満に帰っていただきましたが、新たな出会いを求めた期待の場が一転して知らない女性に無実の罪で叱られ、かつチヤホヤすることを強いられるという生き地獄のような時間になったことは今でも忘れられません。

いざ開催が決まってもスタートが遅い時間になることが多いので、当然のことながら付き合ってくれる女性層も限定されます。普通のＯＬさんとお話ししたいと思っても22時集合、24時終了の会に来てくれるわけがありません。そんな中、比較的会う機会に恵まれたのは勤務時間が我々に負けないくらいイレギュラーなキャビンアテンダントさん、女医さんや看護婦さんなど医療関係者でした。仕事柄、自立していて人当たりもよく、しかもおごられ上手。いろいろな意味で放送業界の人と相性がいい職種。実際にこの職業の女性でテレビ業界人の奥さんに収まっている方は多数います。

これほど条件が整っていても、お互いスケジュールに余裕がないので食事会で知り合ってもその先がなかなか続きません。一度、女医さんと食事をする約束をしたものの、直前で「患者さんの容体が急変したので、今日は延期で！」というメールがあり、気分が萎えたことがありました。その後、「ベッドが空いて時間ができたので来週あたりどうですか？」という連絡が来ましたが、老人科勤務の彼女のその言葉がどういう意味かを想像してしまい、なんとなく疎遠になってしまいました。

テレビの世界とは無縁の友人からは「せっかくテレビ業界にいるんだから、芸能人とかモデルさんとかと仲良くすればいいのに！」と言われますが、前にも触れたとおり、そんな出会いはまずあり得ません。放送作家は究極の裏方ゆえ、男性芸能人でさえなかなか懇意になれないのが現状。たまに収録終わりで食事に行く時に気が利くプロデューサーが「作家さんも是非！」という流れになることがありますが、普段から座組ができている中にいる転校生状態なので、横でニコニコと話を聞くのが関の山。

一度だけ、某グラビアアイドルから「放送作家さんって、クレバーなイメージがあって素敵です！」と言われ、調子に乗って、その場にいた放送作家数名がメルアドを交換するという機会がありましたが、その後は誰にも音沙汰なし。リップサービスに見事にひっかかってしまいました。とはいえ、女子アナウンサーや女芸人、アシスタントとしっかり結婚している成功者もいるのでチャンスはあるのかもしれませんが、一緒にいる時間が長い制作スタッフと出演者が結婚する例と比べると極めて少数派。裏方をやりながらタレントさんと結婚したい人はテレビ局のプロデューサーやディレクターを目指してください。

ここまで恋愛や結婚に否定的なお話が続きましたが、放送作家が結婚する時に得ることができる大きなメリットを最後にひとつだけ。それは結婚式の〝おめでとうコメント〟を仕事をしている芸能人からいただけること。一緒に頑張っているご褒美に制作スタッフが出演者の皆さんにお願いして撮ってくれるありがたいプレゼント。私の披露宴でも担当番組の芸人さんやタレントさんのコメントVTRが数多く流れ、出席者や親族が大変喜んでくれました。芸能人が新郎新婦の名前を呼びかけてくれて、お祝いの言葉を述べてくれる。一生に一度の特典ですが、これは本当に嬉しいことです。ただ、あまり関係性がない芸人さんにお願いすると知らないことを徹底的にネタにしたトークが流れて、会場全体がざわついたこともあるので、人選は吟味する必要があります。それでも「コメントもらえるだけでもすごい！」と思う方も多いと思いますが、これ以上の芸能人との接点は本当に限られています。このあと、その具体的な関係性をお話しします。

芸能界の裏事情について聞かれたら

テレビ業界とは縁のない仕事に就いている友人たちによく聞かれるのが〝芸能界の裏事情〟について。「あの芸人さんって裏では腹黒いんでしょ？」「あの女性タレントって、いろんな俳優さんと浮名を流しているんでしょう？」最近はネットニュースや週刊誌で芸能ニュースが大きく取り上げられて拡散されていることもあり、テレビを観ている人たちが年々増になっています。

そんな皆さんの期待に応えて、マル秘エピソードのひとつやふたつ教えてあげたいところですが……残念ながら放送作家の元にはそんな情報は全く入ってきません。これまでにもお伝えしているように芸能人と接すること自体がごく限られています。たまにお会いしてもご挨拶する程度の仲。そんな関係性の人間にいくら愛想がいいタレントさんでも「私、実は妻子のある人と付き合っていまして……」という話になるわけがありません。こういったスキャンダル系のニュースは首脳陣のごく一部が情報を共有するものの、それ以外はたとえスタッフであっても報道が出るギリギリまで知らされることはありません。あったとしても「明日の週刊誌に出演者の○○さんのニュースが出ます」と前日くらいに会議終わりにサクッと伝えられるくらい。世間よりも半日くらいは早いですが、守秘義務があるので外に漏らすわけにもいかず、ただただ発表の時を待つしかありません。そのうちに「知らされなくてもいいや！」「知らない方がいいかな」という気持ちになってきます。

では、番組の責任者であるプロデューサーであれば、なんでも把握しているかというと、そんなこともありません。担当番組の打ち合わせをプロデューサーと女子アナウンサーと3人でしていた時、そのプロデューサーがかつて担当していた番組の出演者の結婚報道が数日前に報じられたので、「あの報道はご存じでしたか？」と聞いたところ、「寝耳に水だった！」という返事をもらい、意外にそんなものなのかと思ったことがありました。

この話には続きがあり、その時に彼が横にいた女子アナウンサーに「こういう思いをするのって寂しいから、君は何かあったら報告しなよ！」「はい！」という微笑ましいやりとりがあったのですが、2日後にその女子アナと某アスリートの熱愛報道がしっかりスポーツ紙の一面を飾っていました。テレビ局のプロデューサーでさえ裏情報が入ってこないのだから、自分のようなフリーランスに回ってくるわけがないとその時に確信しました。

同じようなパターンでよく友人に聞かれるのは競馬中継を担当していた時の「いい極秘情報が入ってくるんじゃないの？」とか「裏情報でこっそり儲けているんでしょ？」という質問です。これについてもそんなことは一切ないと断言できます。確かにいろいろな情報は集まってきますが、内容は玉石混淆。ある評論家はデータ的には鉄板と言っているのに、ある解説者は状態が今一歩……というように全く逆の情報が錯綜することも度々。10年近くその現場にいましたが、結論から言えば情報は少なすぎてもダメ、多すぎてもダメということ。番組を担当しているだけで馬券が当たるようになるほど競馬は単純なものではありません。

テレビの裏方といえば、いろいろな裏情報が入ってくると思われがちですが、実状は皆さんとさほど変わらないのです。しかも、芸能界に関するネットニュースはここのところかなり大げさに伝わりがち。つい最近、ある制作会社が様々な報道番組にスタッフを派遣していることから、その会社こそ日本の報道を牛耳っていて都合のいいように世論を動かそうとしている黒幕……というニュースが出ました。関わっている番組名なども具体的に書かれていて一見もっともらしくみえる内容でしたが、実際はロケディレクターやADを派遣する、いわゆる人材派遣業的な会社。番組内で頑張って企画を考える立場のスタッフもいるとは思いますが、組織ぐるみで報道内容を決められるような会社ではありません。

テレビ業界を多少でも知っている人にとっては驚くべき内容のフェイクニュースでしたが、そのくらいテレビ業界には裏のルールがあると思われているようです。実際に存在する可能性がないとは言えませんが、少なくとも制作スタッフと向き合うのが主な仕事である放送作家が裏の世界に巻き込まれた話は聞いたことがありません。芸能界やテレビ業界に興味があるけど、怖いイメージがあるので足を踏み入れる勇気がないという方には放送作家はうってつけだと思います。この世界に入って30年以上。一応、日本放送作家協会理事も務めていますが、これまでに人に話したら消されるようなヤバい情報を得たことも命の危険を感じる仕事を強いられたこともありません。あと何年、この世界にいられるかわかりませんが、とりあえずはこのまま円満に職務を全うできるのではないかと思っています。

時々、タブロイド紙や週刊誌に裏情報っぽい話で〝放送作家談〟みたいな表記がありますが、かなり怪しい表記だと思っていいでしょう。極秘情報が入ってくるとは思えないし、万一知っているとしてもいろいろな番組を掛け持ちする以上、部外秘に関してのモラルは極めて高いので、信用問題に関わるような言動は慎むはずです。

かつて「ジャンクSPORTS」のリハーサル中に女子アナウンサーが言い間違えて、放送禁止用語ギリギリの発言をしたというエピソードがちょっとした記事になったことがありました。その情報をリークしていたのが〝放送作家談〟となっていてビックリ。なぜならば、その時にスタジオにいた放送作家は私のみ。週刊誌に語ってもいなければ、誰かに言いふらした覚えもありません。もともらしくみえるように書き加えたのでしょうが、ここまで放送作家のスタンスを読み進めてきた皆さんであれば、これまたフェイクニュースであることはご理解いただけるでしょう。

大物芸人、まさかの芸能界引退宣言

そんな私でも芸能界を震撼させたビッグニュースの当事者になったことがあります。まずは某大物お笑い芸人の突然の引退。この日はまさに彼が司会者を務める大型特番の定例会議だったのですが、いつまで経っても局のプロデューサーもチーフディレクターも現れません。仕方がないので今いるスタッフで企画のおさらいやキャスティングの進捗状況などを確認していました。1時間ほど経った頃、チーフプロデューサーから会議中止の連絡と、「夜に司会者が記者会見をするので、それを各自で見届けるように」という一斉メールが届きました。初めての展開だったのでかなり動揺しました。しばらくは何があったかを予想し合いましたが、誰も情報を持ち合わせていなかったため、ほどなく解散に。

そして、迎えた夜。様々な説がネットで語られている中、記者会見が始まりました。この時点では長期休養の発表だと思われていましたが、フタをあけてみるとまさかの芸能界引退宣言。本当にビックリしました。私たちが担当していたのが特番で放送日までやや期間があったため、ことなきを得て放送に至りましたが、レギュラー番組を多数抱えていた人気司会者だっただけに、担当番組のスタッフは大変だったと思います。今なお、その方は表舞台にでてきていませんが、個人的にはとても素晴らしい芸能人として尊敬しているので、またいつか一緒にお仕事できれば、とひそかに思っています。

ちなみに担当番組の打ち切りの連絡はかなり遅く、たいていは他局のスタッフなどから、「あの番組、終わるらしいですね」みたいなことを言われて落ち込む、というパターンが多々あります。

ちょっと考えれば当然のことで、少しでもモチベーションが高いまま最後まで職務を全うしてほしいというプロデューサーの思惑があるので、どうしてもギリギリの発表になります。逆に自分がやってない番組の終了情報は、そこが新番組立ち上げのチャンスになり得るので早くから様々な話が回ってきます。いずれにしてもレギュラー番組はいつか必ず終わるのが宿命なので、情報漏えいには気を遣います。

芸能ニュース関係ではほぼ蚊帳の外の放送作家ですが、唯一絡みがあるとしたら披露宴のお手伝いをすることでしょうか。芸能人の披露宴は大規模かつ通常の結婚式にはないイベントが目白押しのため、特別バージョンの台本が必要となるのです。自分が関わった披露宴がニュースなどで流れているのをみると、ほほえましい気持ちになります。

ありがたいことに、これまで何組かの有名人カップルの披露宴台本を書かせていただきました。これが意外にテンションのあがる嬉しい作業なのです。柔道元日本代表選手の井上康生さんとモデルの東原亜希さんの披露宴の台本を担当させていただいた時、「主賓の長嶋茂雄様からご挨拶を……」というセリフを書き、さらに実際に式で聞いた時はかなり興奮した記憶があります。おめでとうコメントと逆に、放送作家がタレントさんに直接できる数少ないご恩返しなので、お声がけいただいた際は快諾するように心がけています。今後、披露宴のご予定のある芸能人の皆さま、雛形はすでにいくつかあります。必要であればいつでも申し付けください。

放送作家とお金の話

そろそろ、皆さんが最も気になっている核心に迫りましょう。それは……お金の問題。どのくらい稼げるものなのか？　そもそも、どこからどのような名目でお金をもらっているのか？　疑問は尽きないと思います。

一部、会社に所属して給料制の〝サラリーマン作家〟も存在しますが、私の周りはほぼ歩合制のフリーランス契約です。そして、構成料と呼ばれるものが放送作家の主な収入源となります。番組オンエア1本につき、あらかじめ決められた額が支払われる契約が基本。番組予算の中から捻出されているので、主な取引先はテレビ局だと思われるかもしれませんが、制作会社から振り込まれることも少なくありません。番組によっては制作費の一部管理を制作会社が任されており、構成料がそこに含まれていることがあるからです。

一見、さほど大差はないように思われますが、受け取る側の放送作家としては前者の方が圧倒的にありがたいです。テレビ局払いの場合、キャリアや実績で構成料を判断してくれるので、初めて関わる制作スタッフでも常識的な金額を提示してくれますし、オンエアの1か月以内に振り込みが完了します。一方、制作会社は金額の振れ幅がかなり大きくなる可能性があります。想定外にいただくこともあれば、逆に想定をはるかに下回る金額を提示されることも。

これが五分五分だったら、さほど問題はないのですが、現実的にはほぼ後者のパターンが圧倒的多数。特に一回きりのスペシャル番組などはオンエアが終わってから構成料の話をすることが多いので、かなり厳しい額を提示されることもあります。その時のプロデューサーの第一声は大抵「すみません、今回は予算が少なくて……」です。「今回、予算が余っているので……」という話はまず聞いたことがありません。

テレビ局から制作会社経由で支払われるので、振り込みも1～2か月先になります。怖いのはこの会社が倒産してしまった時。幸いにも私はその経験はありませんが、100万円単位の未払いの被害にあった同業者は実在します。

フリーの立場だからこそお金の管理はしっかりしなければいけないのですが、私自身は金額の交渉はしません。これは先方からの提示がイコール自分への評価という認識があるからです。やりがいのある仕事をすることが第一。自分がイメージしていた額には届かなかったものの、しっかり役割を果たしていれば新しいオファーをいただけるはず。それが結果として収入増になるという考え方です。短期的に目先のギャラ増額を交渉するよりも長期的に信用という貯金を作っていく方がプラスになると思っています。

こと私の周りには楽しいことさえできればギャラは二の次という作家仲間がほとんど。中にはお金に無頓着なあまりに請求書を1年も2年も出してない猛者も。私も事務作業は苦手なので、数か月放置は時々やってしまいます。そんな経理関係などが苦手な人は放送作家事務所に所属するという手があります。入ってしまえば経理の人が請求書や税金関係のことをある程度やってくれます。当然、タダではなく、多くの事務所では構成料の1割から2割が手数料として差し引かれます。源泉と合わせると自分の手元に残るのは7割くらいになりますが、煩わしいお金の問題から解放されるという意味では悪くないシステムだと思います。

先ほど構成料に関して交渉したことはないと言いましたが、一度だけ相談をしに行ったことはありました。ある特番を企画書の段階から関わらせてもらったのですが、オンエアが終わっても構成料の話を一向にしてきません。ようやく連絡してきたと思ったら相場の

5割程度。金額だけでしたら何も言いませんでしたが、ちょうど話し合いをしている最中にその番組の続編が決まっていながら、携わった作家陣のリストラを画策していたことが発覚したのです。たまたまテレビをみていたら、第2弾のオンエア告知が流れてビックリ。アイディアを売る仕事としては、手法だけもっていかれては商売になりません。作家陣の代表として交渉をしましたが、結局は平行線。第1弾のギャラも雀の涙。第2弾もリストラされた状態。当然、この制作会社とはそれ以来、一度もお付き合いしていません。

信頼できない人と良い番組は作れません。放送作家のメリットはもう付き合いたくないと思ったら深入りしないでいいこと。フリーランスである以上、仕事と知り合いは多い方が有利に決まっていますが、ストレスを抱えて仕事するくらいならば「武士は食わねど高楊枝」を選びます。実際は前述の会社以外にお仕事をしたくないところはないので例外中の例外ではありますが。

ひと昔前までは構成料以外にも企画書の作成費や会議参加費などもありましたが、いまやそのあたりはすべて構成料に含まれるようになっています。企画書をいくら書いても番組にならなければゼロですし、複数の緊急会議に出席してもギャラ加算の対象にはなりません。オンエア1本あたりに支払われるので臨時ニュースなどで放送が飛べば、その週はギャラなしに。オリンピックなど長期開催される大イベント期間中は何週にもわたって休止になるので、レギュラー番組の担当でありながら1か月丸々ノーギャラという状態が続くこともあります。放送休止などによって収入が大きく左右される、実に不安定な仕事なのです。

トップ作家はいくら稼いでいるか

そして、肝心の1本あたりの構成料ですが……レギュラー番組は3万円から20万円程度。スペシャル番組は5万円から100万円まで……という感じでしょうか。1本20万円とか100万円とか聞くと、「割のいい仕事だなぁ」と思うかも知れませんが、これは長い作家生活の中でもごく稀なケース。特にスペシャル番組はそのくらいいただける番組は半年以上かけて担当するので、1カ月に換算すると特にコストパフォーマンスのいい仕事というわけでもありません。レギュラー番組でも20万円もらえるのは企画書から立ち上げてチーフクラスになったゴールデン番組くらい。最近は制作費そのものが下がっているので、先ほど提示した額の平均にも届かないのが現状です。

それでも10本以上のレギュラー番組を抱えるような売れっ子放送作家になれれば、1000万円を上回る年収を得ることは可能です。ただし、半年ごとに変動するリスクが常に付きまといますので、それを何年もキープできるのは限られたトップクラスのみ。

最近は企画が採用されたら1万円……というような低予算番組もあると聞きます。これだと仮に毎週採用されたとしても月4万円程度。レギュラーを3本抱えていても年収は100万円ちょいということになります。

恵まれれば1000万円オーバー、恵まれなければ100万円程度。しかも、半年ごとの改編のタイミングで収入ゼロのリスクもあり得る。それが放送作家の収入の実状です。

私もテリー伊藤に弟子入りを認められたばかりの頃は半年間ノーギャラでした。その後、「天才・たけしの元気が出るテレビ!!」と「ねるとん紅鯨団」に配属されましたが、その時のギャラはそれぞれ1万円と2万円。その中から源泉と事務所の取り分の2割を引かれていたので、2年くらいはプロと名乗るにはおこがましい収入で暮らしていました。

しかも、その時代はプロ野球中継が全盛期だったため、「元気が出るテレビ!!」はことごとく日曜夜のナイター中継で休止に。私はまだ学生で実家住まいだったので生活に困ることはありませんでしたが、社会人から弟子入りした同期たちは貯金を切り崩しながら日々をしのいでいました。最近の状況だけをみて「放送作家って景気いいよなぁ」と思われがちですが、いまの売れっ子放送作家たちも若手時代にそれぞれ苦労を重ねています。どん底から這いあがって、今の地位を築いているのです。

では、若い世代がこれから生き残るために、どうすればいいのか？　私たちが若い頃は先輩たちが声をかけてくれる若手枠が各番組にありましたが、今は制作費も減っており若手作家にはやや厳しいご時世となっています。いきなり番組の担当作家として呼ばれることはほぼなく、最初はリサーチ係として番組に関わることがほとんどだと思います。

しかし、番組のスタッフとしてまず内部に入ることが最大のチャンスなのです。そこには同世代の若手ディレクターやADさんがいます。その場で与えられた仕事をしっかりこなした上で、次世代のテレビマンたちに新企画や新ネタをプレゼンすればいいのです。

実際、「学校へ行こう！」で学生たちに電話取材するリサーチャーのひとりだったのに、気が付けば若手作家として構成会議に参加するようになったIくんという優秀な後輩がいます。彼に話を聞いたところ、取材報告の場で面白いネタを拾うリサーチャーとして認識されたのち、番組向けの新コーナー案などを若手ディレクターに提出したり、若いプロデューサーのために企画書を書いているうちに認められたということでした。その後、彼は中堅の放送作家として知られるようになり、私も新番組の立ち上げの時に手伝ってもらいました。

小さなチャンスを次につなげれば、いつか大きな舞台が巡ってくるのが放送作家の世界。ただし、必ずしもトントン拍子で行くわけではありません。半年ごとの改編で一気に番組が終わることもあるからです。私も20代中頃に「元気が出るテレビ!!」と「ねるとん紅鯨団」が立て続けに終了するという非常事態がありました。この他に手伝っていた2本の番組の終了も内定していたので、この時ばかりは放送作家としての道は断たれた……と覚悟しました。

幸いなことにギリギリのタイミングに先輩から「さんまのスーパーからくりTV」などを紹介していただき、何とか生き残りました。その時は「なんて不安定な職業だ!」と痛感しましたが、この経験があったからこそ開き直れたのも事実。以来、「いつ終わってもいい!?」という割り切った気持ちでいることで、ここまで生き延びてこられたのだと思います。半年ごとに悩んでいたら、きっと精神的にどこかで疲れきっていたでしょう。強靭な精神力の持ち主か、私のように〝鈍感力〟のある人がこの仕事には向いていると思います。売れっ子になれば青天井ですが、半年ごとに収入が上下し、突然失業もある儚き世界。それが放送作家のギャラ事情のリアルです。

カフェスペースからみる各テレビ局の事情

放送作家が他のテレビマンと圧倒的に違うのは、いろいろなテレビ局や制作会社に出入りできること。現在、私自身もフジテレビとTBSでレギュラー番組を、日本テレビとテレビ東京で特番を担当させていただいているので、この4つの局を常にグルグルと巡回しています。ちなみに担当番組の会議日であれば、局内の駐車場をとってくれます。特にフジテレビはお台場にあり、他のテレビ局や制作会社と離れているので、車で行くことが圧倒的に多くなります。

無料の駐車場がない制作会社を渡り歩くことになる時は電車移動に切り替えます。ご存知の通り、都内の時間貸駐車場の高騰ぶりは尋常ではありません。制作会社の多くはテレビ局の近くにあるため、新橋・赤坂・六本木・渋谷といった繁華街のど真ん中に駐車することになります。そのあたりは15分で千円というとんでもない料金設定もあるので気軽に停められません。会議の中には成功報酬のみの企画会議なども含まれるため、コストを考えると公共交通機関を使うことが自然と多くなります。

フジテレビと日本テレビをつなぐゆりかもめに関してはかなりのヘビーユーザーです。これ1本で移動できることもあり、意外に車内で同業者に会うこともあります。皆さんももし乗ったら、耳を澄ませてみてください。テレビの噂話をヒソヒソしている人がいたら、その人はテレビマンの可能性が高いです。本当は車窓が美しい路線なので、そちらをたっぷり満喫してほしいところですが。

様々なテレビ局に出入りできるということでそれぞれの局の社風や社内の施設を楽しめるメリットがあります。よく利用するのは局内のレストラン施設。会議の合間に食事したり、原稿書きをする場所として重宝しています。

よく出入りするフジテレビは18階にあるカフェ・れいんぼうが秀逸です。レインボーブリッジ越しに東京タワーが観られる絶景のカウンター席で週に一度は作業しています。電源も使えますし、なぜかヤクルトが大きいコップに入っているという不思議な名物メニューがあります。惜しむらくは喫煙ＯＫであること。かなりの数の空気清浄機が稼働していますが、紫煙は完全に消せません。これさえなければ、週に5回くらい通うのですが……フジテレビさん、ぜひご検討ください。

この他、別棟の18階にある「DAIBA」は絶景が楽しめる上に、寿司カウンターまである高級感あふれるレストラン。2階にある「ラ・ポルト」は庶民的なお値段のメニューが揃っていて深夜まで営業しているので制作スタッフの心強い味方としてこよなく愛されています。

汐留の日本テレビの16階にあるカフェも隔週ペースで利用しています。ここには〝三冠王〟と印字された名物のコロッケパンやクリームパンが売られています。視聴率三冠王を驀進中の日本テレビでなければ出せない特別メニュー。

ちなみに三冠とは19時から22時までの〝ゴールデンタイム〟と19時から23時までの〝プライムタイム〟と6時から24時までの〝全日〟この3種類の視聴率すべてを首位で制したことを指します。この他にもプライムタイムを除いた〝ノンプライム〟を加えて、四冠王という言い方をする時もあります。

日本テレビは17階にも社員食堂があり、そこは三冠を達成した翌週に無料開放されることがあります。入構証をみせるだけでハンバーグランチや丼物がタダで食べられるのです。金額にすれば数百円だとは思いますが、制作スタッフにとっては嬉しいプチボーナス。特に常に時間に追われて、おにぎりやパンなどコールドミールで食事を済ませているADさんたちにとっては心も体も温まるホットミールでしょう。

私も一度だけ作家仲間に誘われていきましたが、レギュラー番組を担当していない手前、なんとなく気がひけて堪能できませんでした。同行者は「裏番組で負けているから、ある意味では貢献しているよ！」と力強く言ってくれましたが、全く納得できません。今後、なんとか新企画を成立させて、堂々といただけるようになりたいと思います。

無料開放だけでもかなりありがたい話ですが、外部スタッフにとって日本テレビが素晴らしいと感じることはこれだけではありません。16階のカフェの横に誰でも利用できるテーブルセットがいくつも並ぶロビーがあるのです。すぐ横にコンビニも併設されているので、まさにノマド族には最適のスポット。実際、同業の作家仲間がパソコンを一心不乱に叩いている姿をよくみかけます。

作業スペースとして重宝するだけではなく、コンビニを訪れる制作スタッフにバッタリ会う可能性があることもフリーの人間にとっては大きなメリット。面識があってもリアルタイムで一緒に仕事していないと、なかなか顔を出しにはいけないものですが、こういう場所があれば疎遠になっている人と立ち話できるチャンスが生まれます。ここで作業している時に声をかけられ、そこから付き合いが再開したことも実際にありましたし、立ち話の流れでそのままちょっとしたミーティングという展開になったことも。放送作家は制作スタッフと違い、テレビ局内で滞在できるエリアはごく限られています。日本テレビのこの場所はまさに〝ロビー活動〟するのにぴったりな空間なのです。

テレビ東京もカフェが便利になりました。他局に比べると小規模ですが、最近できたばかりの新社屋ということもあり、社員食堂が共用スペースになっています。ここもコンビニが併設されているので、缶コーヒーを片手にちょっとした打ち合わせもできます。ちなみに六本木のビル群が見渡せるビューポイントでもあります。

TBSは1階にカフェ、8階にカフェ、11階に高級レストラン、12階に食堂とカフェテリアと5つの食事施設があり、12階のコンビニにもイートインスペースが存在します。ただ、基本的には食事を提供する場なので、ゆっくり原稿書きができる雰囲気ではありません。唯一、8階のカフェが電源も使えて長居できる雰囲気なのですが、夕方になるとアルコール類が販売されてベテラン社員さんの憩いの場になるので、最終的には落ち着いて作業できません。テレビ局は地価の高い一等地にあり、スペースも限られてはいるとは思いますが、TBSさんにはぜひ共用スペースを作ってほしいと願っています。

ちなみに1階のカフェは制限エリア外にあるので一般の方も入れます。タレントさんも取材に使っていますが、お店の前に書かれた禁止行為をキチンと守れば利用は可能です。食事しながらテレビ局の雰囲気を楽しめる貴重な場所だと思うので、ぜひ一度体験してみてください。同じようなカフェはテレビ朝日の1階にもあります。

テレビ欄は重要な情報源

放送作家がテレビ局を出入りできる特典がまるで食事施設を自由に使えることみたいな流れになってしまいましたが、本当のメリットは各局の様々な演出家と組んで仕事ができること。当然ながら、局によって社風や演出方法が違います。ひとつのテレビ局で仕事をしていると、その中で行われている演出スタイルや構成しか知ることができません。

ところが、放送作家は番組ごとに契約しているので、局をまたいで様々な特徴をもつチームに参加できます。結果、様々なプロデューサーやディレクターの演出論、テレビ論に触れることができます。特に各局のエースと呼ばれる方々と一緒に仕事できる時は至福の極みです。もちろん、高いレベルの仕事が求められますが、結果が出た時の喜びは何物にも代えがたいものがあります。

ただ、掛け持ちゆえ、いくつかの不文律があります。まず、そのチームのノウハウは外に持ち出さないこと。何年もかけて作った手法を流出させることは許されません。またレギュラー番組の場合は裏の時間帯を兼ねてはいけないというルールもあります。番組の2時間拡大が当たり前のようになった上に、改編に伴う番組の枠移動などもあるので例外はありますが、基本的には〝裏かぶり〟と呼ばれるこの兼任を避けるのがマナーとされています。拡大枠で被るのはセーフだという考え方もあるのですが、少しでも重複するならば身を引くという人は少なくありません。幸いなことに私は担当番組の数もごく限られているので、今のところはそんな決断を迫られる事態には至っていません。

このルールは出演者にも適用されています。なので、新番組を始める時は裏番組のキャスティングを意識しながら出演者を決めていきます。人気者を使いたくても、すでにたくさんの番組に出演しているのでなかなか新しい枠にはまりません。また本人でなくても同じ事務所に所属しているタレントが裏にいる場合はNGということもあります。これまでテレビ番組を観るときに並びのキャスティングなど気にしたことはないと思いますが、裏かぶりの視点で一覧を眺めてみると面白いかもしれません。

キャストや番組内容が書かれたテレビ欄は放送作家にとっては単なるタイムテーブルで

なく重要な資料です。この仕事を始めて30年以上になりますが、朝から新聞のテレビ欄をチェックする習慣はずっと続いています。テレビの世界で働きたい人はこのテレビ欄を分析する癖をつけておく必要があります。人気番組の裏に来る新番組の傾向を考えてみたり、出演者の名前をみて相性の良さを推察してみたり。

また1週間の番組表を並べると、テレビ局ごとの〝お家芸〟がみえてきます。日本テレビだったら企画性が高い家族で楽しめる番組、フジテレビだったらタレントのキャラを活かした若者向けバラエティー。TBSだったら刺激性の強い女性好みの番組、テレビ朝日だったら知的好奇心を満たす情報バラエティー。テレビ東京だったらワンコンセプトに絞ったシンプルな番組……かつてほど色分けされていませんが、それでも好視聴率番組にはそれぞれ局のカラーが色濃く出ています。どんな番組を作りたいのか？ どの局で働きたいか？ タイムテーブルをじっくり精査するだけでもテレビ業界の傾向がみえてくるでしょう。

第3章 放送作家になるには

放送作家への王道ルート

これまで放送作家のテレビ業界におけるスタンス、日々のスケジュール、金銭事情などを具体的に挙げてきました。厳しい現実を知って目指す気持ちが薄れた方もいるかもしれませんが、まだまだ夢のある仕事であると個人的には信じています。なによりも学生さんはもちろん、既卒者にも門戸が開いていることは大きな魅力です。

なり方がよくわからない職業だけに転職組の方が圧倒的多数です。私は学生時代に入門して、そのままアルバイト感覚で30年以上働いていますが、多くの方々は社会人の経験をお持ちです。一流企業に勤めていながらテレビ番組を作りたくて転身した人、表舞台で活躍していた芸人さんから舞台裏で支える立場を選んだ人、制作スタッフから気が付けば同業者になっていた人……本当にあらゆるルートから様々な経歴とキャラをもつ人がこの世界を目指してきます。

そんな中、放送作家を目指す上で一番王道と言えるルートは放送作家事務所に入ることでしょう。不定期ではありますが、こういった会社が募集要項を出すことがあります。ここで見習いとして働きながら学んでいく。かってはこのシステムが主流で数多くの放送作家事務所が存在していました。

気を付けなければいけないのは、その事務所の得意分野がどんなジャンルの番組なのかを事前にチェックしておくこと。バラエティー志望なのに情報番組がメインの事務所に入ってしまうと、希望の番組を担当するまでに多くの時間と手間を費やすことになります。事務所を移る、ないしはある程度のキャリアを積んでから独立して、その方向に舵を切るというやり方もありますが、わざわざ遠回りすることはないでしょう。逆にスタートラインをしっかり押さえておけば最短距離でやりたい番組に関わることができるはず。

これは放送作家だけでなく、テレビ業界を目指す全ての人に当てはまる法則といえます。タレントを目指す人は芸能プロダクションの所属タレントを、制作スタッフ志望者は制作会社が関わるテレビ番組をホームページなどで確認して傾向を確認してください。

若手の放送作家が新しい仕事を得るのは、つながった制作スタッフや先輩作家から声をかけてもらうことから。そのことを考えると、自分が目指しているジャンルで活躍している先輩や仕事仲間がいる組織に身を置くことが大きなアドバンテージになります。最近は報道とバラエティーの垣根が低くなり、芸人さんがニュース番組やワイドショーでコメンテーターを務めたり、演芸が得意な制作会社が真面目なドキュメンタリーを手掛けるなど業界全体がボーダレスになっているので、その見極めが難しくなってはいますが。

また、ひとつの番組がきっかけで放送作家になるというパターンもあります。自分も「天才・たけしの元気が出るテレビ!!」の放送作家予備校という番組内の企画に応募して、なんとか末席のひとりとして合格しました。1990年代の超人気番組「進め!電波少年」の姉妹番組の中でも「放送作家トキワ荘」という育成企画をやっていました。今思うと、どちらもリアリティショーの走りといってもいい番組企画。我々の企画はテレビのコーナーになることなく、そのまま裏方になってしまいましたが。

番組から放送作家になるというパターンではラジオ番組のハガキ職人さんがネタを採用されているうちにスタジオに呼ばれるようになり……という話を聞きます。なぜ、あやふやな記述かというと、テレビの放送作家とラジオの放送作家は実はあまり接点がないからです。どちらも兼ねている方がごくたまにいて、その人をきっかけに交流することはありますが、基本的にはラジオの作家さんはラジオ番組を、テレビの放送作家はテレビ番組を……とはっきり分かれています。特にラジオの作家さんはひとつのラジオ局で何本も掛け持ちする専門職っぽいスタンスの方が多く、テレビの放送作家とは立ち位置もキャラもかなり違います。台本を書いたり、送られてきた投稿を選ぶなど同じような仕事もしていますが、本番中にラジオブースに入ってタレントさんの相手役を務めたり、時間管理をアシストしたりという特殊な任務もあります。テレビの現場以上に、より制作スタッフに近い立場のようです。

弟子入り、転身のパターンも

他にも有名な放送作家さんに弟子入りするというパターンがあります。売れっ子作家さんの事務所に企画を投稿して認められて弟子になった……という話をたまに聞くことがあります。ちなみに私には弟子がいません。理由のひとつは人様の人生を抱えるほどの地位を築いていないこと。もうひとつは常にベストのスタッフと一緒に番組を作りたいので、慣れあいで使わざるを得ない弟子という存在を持ちたくないという考えからです。

では、完全に一匹狼を貫いているのかというと、そんなことはありません。頼りになる多くの後輩と常にコミュニケーションをとり、資質に応じて担当番組に声をかけるようにしています。今はそれほどでもありませんが、30代後半から40代半ばまでは、数多くの担当番組を抱えていたので、そのたびに有能な後輩たちに助けてもらっていました。そういった後輩グループを一部では〝村上組〟と呼んでくださる方もいますが、基本的にはみんな一国一城の主であり、あくまでパートナー。なので、声をかけるなどチャンスは与えますが、直接の指導はほぼしません。結果を出せば後輩自身の評価としてその班で生き残れますし、ハマらなければそれまで。

幸いなことに〝村上組〟の皆様もいまや10年を越えるキャリアの中堅どころに成長。私以上に活躍している売れっ子放送作家も出てきています。時々、事務所にしておいて上納金をとっておけばよかったと思わないこともないですが、よき関係性が築けてこれたからこそお互い気持ちよく一緒にやってこれたのだと思っています。

転身組で意外に多いのは元芸人組。頭の回転が速く、会議中のトーク回しも上手。加えて、出演者の心理を知っているという強い武器も持ち合わせています。特に最近は放送作家をゼロから育てる作家事務所やセミナーなどがかつてに比べると少なくなっているため、元芸人からの転身組は今後、さらに増えてくると思われます。

この他にもADやディレクターが気付けば放送作家になっている、というパターンもあります。特に女性作家はこの経歴で転身した人が意外にいます。ワープロがまだ普及していなかった時代に番組のＡＤとして大御所放送作家の悪筆原稿を清書しているうちに、台本の書き方を学んで放送作家になったという人もいました。最近は人手が足りないために作家なしという番組もあり、そこではディレクターやＡＤが台本やナレーションを書くことも多くなっています。そういった意味でも元制作スタッフ組は今後ますます増えていきそうな気がします。

放送作家に学歴は関係なし

作家志望者の採用条件や試験のやり方などはマチマチでしょうが、履歴書と新企画案を見ながら面接して合否が決まるというケースが多いと思います。学歴はあまり関係ありませんが、ひととおりの社会経験をしておいた方がアイディアの幅が広がるので、大学は入学しておいた方が無難かもしれません。実際、売れっ子作家の多くは有名大学の出身者で、最近では東大卒の放送作家もいます。

もっとも学歴そのものが採用の基準になることはまずありません。決め手になるのはやはり発想力の種をもっているか否か。私も放送関係の専門学校で講師を務める時に学生さんに企画メモを書いてもらう授業をします。ここで気を付けなければいけないのは見た目にとらわれて、企画の核となる部分を書き忘れること。実際、自由に書かせると大抵は有名なタレントのキャラを活かした企画や実現できない高額キャスト番組の企画を並べてきます。

具体的には「マツコの世界大食い紀行」みたいな内容です。マツコ・デラックスさんといえば最もキャスティングできない人気者ですし、世界に行くスケジュールもありません。加えて多くの番組にすでに出演している芸能人の場合、新番組をやる大義が必要です。全くの未経験者とはいえテレビ業界を目指す以上、そのくらいの配慮は持ち合わせて臨んでほしいと思います。

既成の番組をちょっとだけひねってきたものもよく提出されます。もちろん、そんな安易な発想では採用されるわけがありません。若い世代に求められるのは歴戦のプロが失った〝普通の人〟ならではの新しい切り口。不完全な構成でも全く問題はありません。むしろ2、3行で狙いがわかれば、それで十分。そこから先は歴戦の先輩作家や制作スタッフたちが勝手にいい番組に成立させてくれます。しかも、企画が採用されればキャリアに関係なく、企画者として番組のコアスタッフに迎えられます。初心者でも一気に一人前になれる可能性のある、夢のある職業といえるでしょう。事実、私もひとまわり以上も年下のチーフ作家の元で番組をお手伝いする経験は何度となくあります。先輩は若い才能を支え、後輩はベテランの知恵を活用する。世代を超えて良好な関係を築けるのが放送作家という仕事のいいところでもあります。

私が「放送作家予備校」を受けたわけ

ここで一例として私が放送作家になるまでの道のりを書かせていただきます。子供の頃からテレビ番組を観るのが大好きではありましたが、実際にマスコミで働こうと思ったことは一度もありませんでした。

高校時代、なりたい仕事は教師でした。本当は歴史の先生を目指していたのですが進路指導の際、「教師になりたいのだったら、歴史より国語の方が採用される教員の数も多く、チャンスがある」というアドバイスを受けて日本文学科へ。入学後も教養課程を選択し、しばらくは真面目な学生生活を送っていました。

そんな典型的な文系学生に転機が訪れたのが、大学三年生の時。本当に偶然の出来事でした。毎週見ているＮＨＫの大河ドラマ終わりに何気なく回した日本テレビの「天才・たけしの元気が出るテレビ!!」のエンディングで「放送作家予備校」の募集告知をたまたま目にしたのです。それまでテレビの世界とは無縁の生活。普通だったら、スルーする状況です。ところが、その時に自分が中学生の時に夢中で聴いていた「ビートたけしのオールナイトニッポン」でたけしさんの隣で合いの手を入れていた放送作家・高田文夫先生のことをふと思い出したのです。また、「オレたちひょうきん族」でも時々、景山民夫先生がイジられていたので、何となくテレビの台本を書く放送作家という裏方の仕事があることは認識していました。ネット検索が気軽にできる時代ではなかったので、そのくらいの知識しかありませんでしたが、大学生の軽いノリで「放送作家ってなんだか面白そうな響きだな」と安易に応募してしまいました。

指定されていた企画メモと履歴書を送ったものの、あくまで記念受験のような気分。そんな軽い気持ちだったので、「書類審査を通過しましたので、面接に来てください」という電話連絡がきた時には心底ビックリしました。

言われるままに日本テレビ別館の会議室へ。そこには書類選考で受かった１００人弱の若者が静かに待っていました。電話をくれたアシスタントプロデューサーが説明役として現れたのですが、その出で立ちがパンチパーマにレイバン風サングラス。普通にキャンパスライフを謳歌してきた大学生にとってはカルチャーショックでしかありません。

彼から「今回の募集は日本テレビの番組だが、仕切りは番組を制作しているIVSテレビ制作で、最終的に作家予備校の合格者はテリー伊藤が社長を務めるIVSの子会社のロコモーション所属になる」と伝えられたのですが、一介の大学生にはチンプンカンプンな説明。何しろ日本テレビの番組の募集だからテレビ局の契約社員やアルバイトになれるのかも……くらいの甘い認識で参加していたので、内心パニック状態でした。

帰れるものならば帰りたいところですが、目の前にはいかついパンチ頭の制作スタッフが立ちはだかっています。さらにテリー伊藤自らが面接会場に現れ、部屋全体に緊張感が。もう腹をくくるしかありません。もっともテレビ業界の知識もなければ、「元気が出るテレビ!!」の傾向も知らないので受験対策ゼロの手ぶら状態。

結果的にはこれが功を奏したようです。若き放送作家志望者ひとりひとりに面接していくテリー伊藤。そして、私の番がついにきました。履歴書をみて〝青山学院大学在学中〟が気になったようで、「どんな学生生活を送っているの?」と聞かれました。そこで大学一年生の時、夏休みに中国大陸を一周してきた話や、学生ながら競馬観戦が趣味だということを話しました。さらに企画メモをみて、「ウチの番組っぽくないネタで悪くないね」という好意的なコメントをいただきました。〝元気っぽくない〟のは当然です。何しろ、たまにしか観てなかったのですから。

面接そのものは3分もなかったと思います。ただ、もしかしたら受かるかも……という予感はありました。素人ながら伊藤さんが意外に面白がってくれた印象があったからです。それは現実のものとなりました。数日後、再び、合格通知の電話連絡がきたのです。

のちに自分が採用候補として残った理由を一緒に面接をしていた先輩作家に聞いたことがありました。「青学のお坊ちゃんだと思ったら、外国を放浪している意外に骨太なヤツ」「真面目そうなのに競馬好き」「元気の過去の企画に類似していないネタをもってきたこと」。この3点が評価されたようです。

本当に知識のない、まっさらの状態で面接してよかった、と思っています。中途半端に準備していたら、絶対に落ちていたでしょう。放送作家は同じようなことをやらないように常に新しい企画を提案するのが仕事。そんな傾向と対策を知らないまま、運よくその要素を満たして受かっただけなので偉そうなことは言えませんが、テレビの世界に進みたい皆さんは既成概念を破るような発想と情熱をもって面接や採用試験に臨んでください。

その時に気を付けてほしいことは、それがイコール個性とかキャラではないことです。発想は破天荒でも人間としてのマナーが伴わないと集団でモノを作るテレビ制作の仕事は続けられませんので。

兄弟子に学んだテレビ界の常識

合格の連絡が届き、今度はロコモーション本社に召集されました。本社といっても日本テレビの近くにあるマンション内のワンルーム。華々しいイメージのテレビ業界と全く違う現実がそこにありました。その後、この部屋のソファーが家に帰れない我々若手の安息の地になるのですが、それはまたのちのお話。ちなみに100人近くいた前回と違い、このマンションに来たのは15名のみ。ほとんどの合格者が学生で、中には女子高校生もいました。

世話役のアシスタントプロデューサーの仕切りでお互い自己紹介と抱負を述べたあと、今後について話がありました。2年前に放送作家予備校で採用された一期生の先輩たちが指導役になってくれるので、しばらくはその人について基礎を学ぶように、という方針が告げられました。そこで適性を見極め、今後のことを考えるというのです。

私の指導役は「ねるとん紅鯨団」のチーフ作家を務める長田聖一郎さんでした。この出会いも私にとって幸運なものでした。しっかり傾向と対策を練ってきた同期たちはテリー伊藤の演出というものが圧倒的なお笑い企画を得意とすることを把握しており、そのジャンルを得意とする猛者が揃っていたのです。一方、私は丸腰で入った上、それほどお笑い偏差値の高い人間ではなかったので、もしお笑い一本の先輩についていたら即失格の烙印を押されていたかもしれません。

長田さんがスポーツ好きという点もプラスでした。私がその頃、あらゆるスポーツを時間のある限りチェックしていたマニアだったこともあり、そのキャラを面白がってスポーツ関連の番組会議に連れて行ってくれたのです。この時の出会いがのちに私が得意とするスポーツバラエティーへの道に進むきっかけとなります。

兄弟子ともいうべき長田さんのおかげで、少しずつですがテレビの常識を学び、放送作家の仕事内容も把握してきました。同期はそれぞれ先輩について頑張っていましたが、日を追うごとに辞めていきました。実は最初に15人が集まった日に世話役から胸に突き刺さる言葉を聞いていました。

「いま15人いるけど、おそらく来年には半分以下もいないから」

誰もが自分はそうならないと強く思ったはずなのですが、学業に専念したい、社風が合わない、才能に自信がない……気が付けば、3か月で1／3が去り、半年で半数になっていました。

確かにネタを出しても通らないどころか怒られることさえある日々。いつお金がもらえるかもわからなければ、突然クビを宣告されるかもわからない。IVS内の小会議室が控え室がわりでしたが、打ち合わせがあるたびに追い出されます。やむなく、留守中の制作スタッフのデスクに避難していると、他のスタッフに邪魔者扱いされる……いま考えると制作現場のど真ん中でど素人がウロウロしているのですから、迷惑がられても仕方ありません。ただ、伊藤さんや先輩たちはこの期間に我々の適性を見極めていたようです。

この世界に入って約半年たった1988年3月末、生き残った同期の予備校生たちが集められ、若手作家として配属される番組が発表されました。そこで私は出身母体とも言うべき、「元気が出るテレビ!!」と長田さんの推薦で「ねるとん紅鯨団」に呼んでいただきました。ありがたいことに半年間という短い期間で構成料をいただける放送作家になれたのです。ともにヒット番組として長年続いてくれたおかげで、腰を据えてテレビ制作に関わることができました。

憧れのビートたけしさんとは直接お話しすることは叶いませんでしたが、企画出し、台本書き、ロケ立ち合い、編集所立ち合い、ナレーション撮り、スタジオ立ち合いなど、ほぼすべての制作過程に携わることができました。

また、「ねるとん」はロケ番組だったため、とんねるずのお二人と仕事のお話をする機会がありました。これは一生の宝物と言うべき良き思い出です。ロケ中に一般出場者を誘導したり、ロケ弁当を配ったりなど、放送作家の仕事以外の現場を体験したことで、テレビの仕組みや制作スタッフの動きなどを知り得たことも、のちのち役に立ちました。

残念なことに予算の都合や組織運営の問題などもあり、いまや若い放送作家がこのような機会を与えられることはまずありません。そういう意味でも様々な経験を積ませてくれた師匠には感謝しています。環境が良すぎたこともあり、少し天狗になった時期もありました。レギュラー番組が2本もある上に、IVSが作る特番からも声がかかるというありがたい状況。学生ながら生活に困らない程度の収入を得るようになった上に、大学に行くとクラスの女子から「番組の最後で名前みたよ！」と声をかけられるので、〝大学生放送作家〟というスタンスにちょっと酔っていました。完全に業界かぶれの悪い例です。

そんな中、まるで私の心中を見透かしたかのように、師匠のテリー伊藤から厳しい言葉をもらいます。その一言がなければ、私はきっと、この年まで放送作家を続けていなかったでしょう。

人生を変えた、師匠・テリー伊藤の一言

私がド新人だった頃、師匠のテリー伊藤はまさに演出家として脂ののりきった時期を迎えていました。「天才・たけしの元気が出るテレビ!!」「ねるとん紅鯨団」という、ふたつの超人気番組の総合演出を担当し、寝る間もないほど動き回っていました。「元気」は毎週末に4本ほどのロケをして、月曜夜にスタジオ収録。「ねるとん」は火曜日を軸に隔週ペースでロケとスタジオ収録。この他にも数多くの定例会議や分科会に参加していたので、本当に殺人的なスケジュールをこなしていたと思います。

そんな中、伊藤さんの唯一の癒しともいうべきなのがサウナ通い。時には若手放送作家が召集され、一緒にサウナに入れられるという特殊な任務がありました。場所が場所だけに一番最初に誘われた時は、「これがテレビ業界の洗礼か……」と貞操の危機を覚悟しまし

たが、本当に一緒にサウナに入るだけだったのでホッとしました。

もちろん、ペーペーの新人と今をときめく天才演出家ですから、仲良く談笑などという雰囲気にはなりません。基本的には師匠のありがたいお言葉をいただく時間であり、時には愛の鞭とも言える激励コメントも頂戴しました。同期と二人で呼び出され、サウナの中でどっちが面白いダジャレを言うか競わされたこともありました。いいダジャレが出ない限り、サウナから出られないという文字通りの灼熱地獄。審査員は天才・テリー伊藤だけに、うかつなことも言えません。近頃のコンプライアンス的にはアウトかもしれませんが、こういう追い込まれ方をしたことでクリエイターとして成長できたのも事実。ただ、いまだにサウナはトラウマがあり、めったに入りません。

ある日、「葉山に海の見えるサウナができたから行くぞ!」と拉致されるかのように連れていかれたことがありました。道中、師匠は最新施設に行けるということで終始ご機嫌でしたが、私には懸念していることがあり、それは現実のものとなりました。東京を出たのが夕方前だったので、帰宅ラッシュに巻き込まれ、到着したのが日没後だったのです。「なんだよ! 海がみえないじゃないか! 意味ないよ!」先ほどとは一転して、不穏な空気が流れましたが、そのサウナがシングルで利用するタイプだったことと、施設自体は極めて新しくキレイだったことで、入浴後は再び和やかな雰囲気に戻りました。

その後、地元のお寿司屋さんに連れていっていただいたのちに帰京。この時の帰り道で伊藤さんからいただいた一言が私に大きな影響を与えます。

「『わいわいスポーツ塾』って番組あるだろう。ああいう番組はお前が作らないとダメだろう！」

スポーツに関する疑問をクイズ形式で紹介する、スポーツバラエティーの走りとも言うべき番組。それをスポーツ好きの私が思いつかなかったことを叱られたのです。正直、それまで私は漫然とこの番組を見て、普通に楽しんでいました。情けないことにライバル視することも、出し抜かれた意識も全くありませんでした。それを師匠に指摘され、自分の意識の低さを大いに恥じました。この時、伊藤さんが納得するような新しいスポーツ番組を作ろうと強く決意したのです。その思いが長年、自分の放送作家としてのモチベーションでした。

スポーツ番組との出会い

すぐに動き出すべきでしたが、当時はまだまだ駆け出しの若手。企画を提出するところも限られていれば、企画内容を認めてくれる制作スタッフもいません。最初のチャンスが訪れたのはそれから約3年後のことでした。IVSから日本テレビ系の制作会社に移籍した知り合いのFディレクターの紹介で日本テレビのスポーツ局の田辺裕プロデューサー、高橋利之ディレクターと会い、スポーツの過去映像を活かした深夜特番を一本作りました。ついにスポーツ局につながりができたのです。

その縁をきっかけにお二人と一緒に考えたのが「徳光&所のスポーツえらい人グランプリ」というスポーツ特番でした。その頃はスポーツバラエティーといえば、プロ野球ニュースから発展した「プロ野球珍プレー・好プレー大賞」があったくらい。そこで、あらゆるスポーツの珍プレー好プレーを網羅した上で、その当事者を〝偉い！〟と褒めちぎって表彰する……という新しいスタイルのスポーツ番組を作りあげました。

第1回放送の結果はなんと18%超え。その後も第20弾まで10年以上に渡って続く長寿特番となり、私にとって名刺代わりとなる番組となりました。この縁で1996年のアトランタ五輪の日本テレビの中継担当を手伝うことになり、以来、シドニー・アテネ・北京・ロンドン・リオと6大会連続で夏季五輪の中継に携わらせていただいています。冬季オリンピックも長野、トリノと2回の中継を担当しました。この他にも1997年のグラチャンバレーを皮切りに、世界バレー・ワールドカップバレー・サッカーワールドカップ・世界柔道・世界卓球など、世界的なスポーツ国際大会の構成担当として声をかけられることが多くなりました。

さらにTBSで始まった「筋肉番付」にも新企画班の一員として参加。その後も格闘技中継やバイクWGP中継、F1中継など、様々なスポーツ番組に関わらせてもらうようになりました。ただ、スポーツ関連番組に数多く参加するようになったものの、まだ師匠の期待には応えられていないと感じていました。

30代中頃には「学校へ行こう!」「さんまのスーパーからくりTV」など人気番組も手伝わせていただき、バラエティーの放送作家として善戦しているつもりでしたが、スポーツバラエティーを確立するという域には達していません。やはり、レギュラーの長寿スポーツ番組を作らなければ……。

そんな最中、フジテレビ格闘技班で一緒だったスポーツ局の清原邦夫プロデューサーから新企画の相談を受けました。それがのちの「ジャンクSPORTS」です。アスリートへのアプローチはあくまで良心的に、というこれまでの通例を破った本音トーク満載のスポーツ番組らしからぬコンセプト。当初は常識外れの内容にアスリートがどう反応するのかという不安はありましたが、ダウンタウン浜田雅功さんの愛のあるツッコミを理解してくれる出演者が続出。これまでに聞けなかった新事実やアスリートの素顔が明かされる番組として、高い注目を集めるようになりました。

番組制作は変化の時代へ

「ジャンクSPORTS」が始まって6年目のこと。その日のテーマは〝スポーツ好き芸能人〟でした。その出演者の中に我が師匠・テリー伊藤の名前がありました。通常、チーフ構成という立場上、スタジオ当日は司会者の近くで待機しているのですが、この日だけは師匠の元に行かせてもらい、自ら打ち合わせをさせていただきました。

ＭＸテレビの「Tokyo, Boy」というテリー伊藤がＭＣの番組を担当していたので、比較的よく顔を合わせてはいましたが、この時だけはまるで数年ぶりに対面する大恩人に出会うかのような気分で楽屋に行きました。緊張しつつも、和やかなうちに打ち合わせは終了。その安心感か、つい一言、こんな言葉が口をついてしまいました。

「師匠を自分の担当するスポーツ番組にお招きできたことを光栄に思います」

師匠も「俺もだよ！」と即答してくれました。約20年前に言われた〝スポーツ番組への期待〟に何とか応える事ができたのでは……まさに長年の思いから解放された気分でいっぱいでした。おそらく師匠はそんな細かいことまでは覚えていないでしょう。その瞬間に思っていたことを口にしただけでしょうが、それだけで十分でした。

その後、51歳になった今でも競馬や格闘技の中継番組や「炎の体育会TV」など、スポーツのテイストを生かした番組が主戦場になっています。まさに師匠の一言で30年間、駆け抜けてきたようなもの。何を信じて何を指針にするのか。人それぞれだと思いますが、放送作家の世界ではいろいろなことに手をだすよりも、ひとつのジャンルを突き進む方が結果が出るような気がします。

そのためにはやはり自分なりの得意分野を持つことが求められます。それも何かにおもねることなく、自分の好きなことをテレビの世界で活かすように考えることが成功への近道でしょう。流行を追っても簡単に先んじることはできません。次に何がブームになるのかなど神のみぞ知ること。

私の場合もスポーツバラエティーがここまでメジャーになるとも思っていませんでした。オリンピック中継に関わるようになったのも、芸人さんやアイドルが各局の顔として参加するようになり、企画と台本を考える人間が新たに必要になったから。そんな時代が来るとは思いもよりませんでした。最近はタレントを使わないスポーツ中継も増えてきたので、今後は放送作家が関わらなくなる大会が出てくるかもしれませんが、これも時代の波。逆らうことなく、次の機会を待つしかないのです。

人気番組の変遷も同様です。コントが流行った時代から一般人が参加する番組へ。そこから芸能人のキャラを全面に生かした番組を経て、バラエティーの手法でみせていく情報番組の時代へ。視聴者の嗜好は年々変わっていきます。それを追いかけるのではなく、面白いと思うことを準備して待ち受け、良きタイミングで新しい番組を作る。既成の番組だったら、いまの流行を無理なく取り入れつつ、番組に良さをプラスしていく。少なくとも私はそうするように心がけています。

付け焼刃が通用するほど甘い世界ではありません。実際、いま放送されている地上波のレギュラー番組は視聴率の良し悪しにかかわらず、ハイクオリティーな内容の作品がほとんどです。裏番組が強すぎる、内容と放送時間帯が合わない、あるいは今のご時世ではちょっと観たい人が限定される……視聴者の嗜好が変われば、すぐに人気番組になれそうな番組はゴロゴロ存在しています。

近頃、テレビの危機がよく叫ばれています。もちろん、テレビを作る側の課題はありますが、保守的な視聴者が多いことで制作者が冒険できないという現実もあります。ぜひ皆さんも評判や視聴率に惑わされることなく、フラットな感覚で気になる番組をチェックしてみてください。視聴習慣が変わることでテレビ界も動いていきます。変化を求める視聴者と変化を狙う制作者。このふたつの歯車がかみ合うことで、テレビの新たな未来が開けるのです！

放送作家・村上卓史の今

これまで数々のスポーツ番組に携わってきましたが、ありがたいことに同じくらい多くの人気バラエティー番組にも関わらせていただきました。レギュラーでは初めて担当した「天才・たけしの元気が出るテレビ!!」「ねるとん紅鯨団」を皮切りに、「クイズ世界はSHOWbyショーバイ」「さんまのスーパーからくりTV」「学校へ行こう！」「たけしのTVタックル」「謎を解け！まさかのミステリー」「快脳！マジかるハテナ」など。「ウチくる!?」「もしもツアーズ」に至っては今なお担当させていただいています。特番でも「小学生クラス対抗30人31脚」「オールスター感謝祭」「日本有線大賞」「史上最高そっくり大賞」「27時間テレビ」「クイズ・ドレミファドン！」など歴史と伝統のある名物番組をいくつも担当させていただきました。

自分でもよくここまでいろいろな番組の一員になることができたなと思いますが、何度も言うようにきっかけは全て小さなご縁から繋がっていったもの。「SHOWbyショーバイ」は指導役だった長田先輩の紹介で入ることができました。そこで知り合ったディレクターにその後、「ワカチュキ」「マジかるハテナ」というレギュラー番組に呼んでいただきました。

「からくりTV」も先輩の田中直人さんの推薦で一緒に入れていただいた「つかみはOK！」という番組がきっかけでした。そこで懇意になった同世代の演出家・TBSの合田隆信ディレクターが「からくりTV」に配属になったので、そちらにも参加させていただいたところ、その後、合田Dが新番組の総合演出として始めた「学校へ行こう！」にも呼んでいただけたのです。

さらにそこで出会った安田淳プロデューサーから「オールスター感謝祭」に誘われるなど番組内でつながった縁が広がっていくことで、やりがいのある仕事ができるようになっていきました。そこでしっかりと役割をこなし、作家仲間や制作スタッフから一緒に番組をしたいと思われるような放送作家になりたい……これが私の信条であり、常に意識していることです。

制作スタッフの世代交代や私自身もベテランの域に差し掛かっていることから、かつてほどのオファーはさすがになくなりましたが、それでもいまなお多くのお仲間から声をかけていただいているおかげで、なんとか現役の放送作家として生き残っています。51歳になりましたが、いまもレギュラー番組を4本、特番も年間40本近く担当させていただいています。全盛期には及ぶべくもありませんし、売れっ子放送作家の皆さんは恐らくこの数倍の仕事をしていますが、私自身は今のペースに満足しています。次の世代が中心となって頑張っている番組も多くなっていますし、いまの私の力では目の前の仕事を丁寧にやっていくくらいがちょうどいいからです。

今、ネット放送が魅力的な理由

テレビ業界全体も緊縮財政に向かっており、予算があるゴールデン枠の番組であっても放送作家が何名も呼ばれるという状況ではなくなっています。呼ばれる若手作家の数も絞られ、ひとりひとりの仕事量がその分、増加傾向にあります。そんな風潮だけに放送作家を目指す皆さんは不安に感じるかもしれませんが、悲観することはありません。これはあくまで地上波だけのお話。放送作家の守備範囲はむしろ増えているといってもいいでしょう。

まず全国で視聴可能ということで各テレビ局がBS放送に力を入れてきています。同様の理由でCS局やネット放送も盛んになっています。よくITやネット放送は従来のテレビ業界と対立軸のように描かれますが、実はそんなことはありません。現実問題として、それらのコンテンツ制作にテレビ制作会社が関わっていることがほとんどだからです。

Amazon Primeの「ドキュメンタル」「戦闘車」といった注目の番組も地上波で数多くの人気番組に携わる優秀な制作会社が中心となって作られています。いま話題騒然のDMM

の「バヌーシー」の映像担当が「情熱大陸」のスタッフであることを売りにしているように、テレビ制作のスタッフは今なお日本の映像制作の中核なのです。放送作家も末端とはいえその一員ですから、テレビの仕事をやりつつ、新たなジャンルで仕事の幅を広げていくチャンスは十分にあります。むしろ、これからの方がさらに仕事の幅は増えるかもしれません。

私も長年、地上波の番組を中心に仕事をしていましたが、ここ数年はBSやネット系放送局からのオファーをいただく機会が増えています。2017年だけでもBS11の歴史特番「高橋英樹のクイズ！なるほど歴史館」、BS朝日の紀行番組「歌の二人旅」。さらに年末にBS－NHKで新たなスポーツ特番を作る予定もあります。仕事仲間の多くもBSやCSに携わるようになってきています。地上波に比べると低額予算ではありますが、番組作りそのものがゆったりしていて、好きなジャンルの内容であれば本当に趣味の延長のような気分で番組作りを楽しむことができます。

ネット関係ではニコニコ生放送の競馬番組「リアルダービースタリオン」と、スカパーとネット配信をする「モンスターストライク」の特番に関わっているのですが、これまでとはちょっと違う枠組みの中で作っているので、これまた新鮮な気持ちで取り組んでいます。

この種のお仕事のいいところは少人数のチームで番組作りができること。作業量は多いですが、番組全体を把握した上でアイディアを出しあえるので番組制作に深く関わっている実感があります。ネット放送はまだ黎明期といっても過言ではないだけに、さらなる発展が見込まれます。そこに放送作家の新たな商機もあるはずです。

ローカル局だからこそ得られる喜び

他にもおすすめなのが、東京と大阪にあるキー局以外に地方のローカル局で番組を作ること。私はこれまで長野、名古屋、福岡、沖縄にあるテレビ局と仕事をしてきました。特に沖縄の琉球朝日放送（QAB）さんとはもう10年近いお付き合いが続いています。

そのきっかけも本当に偶然の産物でした。2011年の夏、ツイッターで作家仲間の鮫肌文殊さんが那覇に遊びに行っていることを知り、急遽、駆けつけました。実はこの頃、私は海外発券で旅することを趣味にしていて、この日はまさに札幌に飛ぼうか那覇に行こうか悩んでいたところでした。那覇の沖縄そば屋さんで合流した際、現地在住のAディレクターにご挨拶しました。ちょっと前まで東京で鮫肌さんと一緒に仕事をしていたことからアテンドをしていたのですが、これが運命の出会いとなりました。

その後、Aディレクターがスポーツ情報番組「スポんちゅ！」と若者向けの情報番組「デコテレ」を立ち上げることになった時、そのブレーンとして私に声をかけてくれたのです。そこから月に一度、沖縄に出張するようになりました。スケジュールはかなりハードでした。月曜日から金曜日の夕方まで東京でびっしり仕事をこなしてから夜に那覇入り。翌日は朝から琉球朝日放送へ行き、「デコテレ」の生放送立ち合い。オンエア後、反省会を兼ねた定例会議を行い、午後はYOECというよしもと沖縄が運営する専門学校でテレビ制作についての授業を2コマ教えていました。夕方、今度は沖縄テレビに行き、「スポんちゅ！」会議。夜は夜で現地在住の仕事仲間と懇親会。そして、翌日の朝イチの飛行機で帰京して、日曜の競馬中継に立ち合うという綱渡りの日程。

正直、南国気分はゼロ。しいて言えば、夜の食事会で海ぶどうやゴーヤチャンプルを食べる時に沖縄にいることを実感するくらい。ただ地元の人は食べ飽きているので、お店選びを任せていると、焼き鳥屋さんか鉄板焼き屋さんになってしまいます。沖縄に来ている唯一の楽しみが地元グルメなので、お店選びの時はちょっとした攻防になりました。後年は私も沖縄料理に慣れてしまい、気が付けばラーメンやギョーザを希望するようになりましたが。

バタバタの那覇出張でしたが、沖縄のテレビ界に少しは役に立っていること、東京のテレビ局をハシゴする日常とは違ったスケジュールを過ごせることはいい励みであり、いい刺激でした。

こんな状況が一年ほど続いたのですが、2013年春に「デコテレ」は終了。「スポんちゅ！」もリニューアルということで作家としては卒業。せっかくの沖縄との繋がりが消えようとした時、コントと漫才のふたつの種目で沖縄芸人のナンバーワンを決めるコンテスト番組を思いつき、「デコテレ」の田中俊丞プロデューサーに相談して、企画書を提出したところ、なんと採用に。今では100組以上いるという沖縄芸人の目標になる大会であり、琉球朝日放送を代表する名物番組となりました。今年で5回目を迎えたこの「お笑いバイアスロン」のおかげで、いまなお沖縄のテレビ界や沖縄芸人と良き関係が続いています。

商売としてのコストパフォーマンスは決して高くありません。ただ、それ以上に沖縄のテレビ業界と芸人さんたちに自分の持つノウハウを与えられることは他に得難い経験です。多くの仕事をしてそれに見合う報酬をもらう。プロである以上、それが働くモチベーションの大原則ですが、時にはそれを二の次にしても何か爪痕を残すことも大切です。

たとえ小さい番組やイベントでも「お笑いバイアスロン」のように次につながる可能性は十分にあります。「炎の体育会TV」も、もともとはTBSの坂本義幸プロデューサーと考えて、少数精鋭のスタッフで作った一発ものの正月特番でした。それが数年の時を経て、編成部から大型特番として新たに作るようにというオファーがあり、そこで好視聴率が連続して出たためレギュラー番組に昇格して今に至っています。

必見！エース作家の仕事

テレビ作りは集団作業ですが、番組をみていると、「この番組はあの放送作家さんが関わっているに違いない！」と感じることが多々あります。同じ価値観をもつプロデューサーやディレクターとタッグを組んでいることや、スタッフが違っても傾向が似ている番組に呼ばれるという前提はあるでしょう。それでも、やはり優秀な放送作家さんは自分らしさを番組内のどこかに盛り込んでいます。そこで特にそう感じさせ、かつ私が尊敬している放送作家の皆様を番組名とともに紹介していきたいと思います。

お笑い芸人さんを活かした番組で必ずといっていいほどお名前を拝見するのが、高須光聖さんです。「ガキの使いやあらへんで！」「金曜★ロンドンハーツ」「水曜日のダウンタウン」「めちゃイケ」など、まさに芸人が主役となる数多くのバラエティー番組の構成を担当しています。私は「ジャンクSPORTS」以来、様々な番組でご一緒させていただいています。芸人番組は一時は下火になりましたが、時代におもねることなく続けた結果、再ブームの兆しをみせています。今後もおそらくその傾向は続いていくと思われます。

「世界の果てまでイッテＱ！」「アメトーーク！」「有吉ゼミ」などの企画性の高い番組に欠かせない存在なのが、事務所の先輩でもあるそーたにさんです。「元気が出るテレビ!!」時代からご一緒させてもらっていますが、その発想の斬新さにいつも脱帽させられています。同じ会議で一緒にネタ出しをしている以上、本来はライバル心をもたなければいけないはずなのですが、正直そんな気にはなれません。ただただ新ネタを読むことが楽しみで仕方ありませんでした。今なお多くの人気番組に関わり、テレビ界をけん引するスター放送作家のひとりです。

「金スマ」「ぴったんこカン・カン」など緻密な構成で知られる番組を担当しているのが樋口卓治さんと都築浩さん。この二人の台本チェック、ＶＴＲプレビュー時の発言は同業者ながら目を見張るものがあります。構成の入れ替え、新たに加える要素のアドバイスなどが常に的確なのです。この二人とは「学校へ行こう！」などをともに担当していましたが、VTRチェックでは一緒に意見を出すべき立場にもかかわらず、二人の話を聞いて参考になったことが何度となくありました。その緻密さを活かした構成で多くの番組を手掛け、主婦層を中心とした視聴者を惹きつけています。ちなみに都築浩さんは放送作家予備校2期生の同期です。

「ビフォーアフター」「家庭の医学」「この差って何ですか？」「プレバト!!」など情報性の高いバラエティー番組の名手といえば中野俊成さん。住宅や医学など、一見、バラエティーとはほど遠いジャンルをゴールデン枠のレギュラー番組にした功績は大きいと思います。ある意味、新分野を切り開いたパイオニア的存在。20年以上前、テレビ朝日の深夜番組で一緒になって以来、ずっと懇意にさせていただいていますが、プライベートの場での話題の豊富さも含め、その才能にいつも感服しています。

番組構成の緻密さでいえば、伊藤正宏さんの担当番組に尽きます。同業者ながら、「一体どんな打ち合わせをして、どんな台本を書いているのか？」という気持ちにさせられます。「和風総本家」「空から日本を見てみよう」「めちゃイケ」などタイプは違えども、独特の構成で進んでいく番組に名を連ねています。構成を常に意識してテレビを観ている私にとっては勉強になる番組ばかりです。

そして、前にも書きましたが、「鉄腕ＤＡＳＨ」を担当する田中直人さんのナレーションの美しさは同業者の中でも別格です。ナレーション書きは作業時間がかかる上にギリギリのタイミングでの受け渡しになるので、多くの番組では若手が担当することが多々ありますが、田中さんは誇りをもってナレーション書きに取り組んでいます。私も格闘技中継やスポーツ番組などで視聴者をより惹きつけるナレーションを書く必要に迫られることを求められます。その時は「田中さんだったら、どう書く？」と想像しながら書き進めます。

ちなみに田中さんも事務所の先輩でテリー伊藤門下生です。

「ＬＩＦＥ！」「となりのシムラ」などコント番組の第一人者といえば内村宏幸さんでしょう。あらゆるパターンのコント台本を書き続けるザ・職人。私はウッチャンナンチャンさんの特番でご一緒させていただきました。かつては各局とも看板番組ともいうべきコント番組がありましたが、いまは予算も手間もかかるため、かなり減ってしまいました。その牙城を守る唯一無二の存在が内村さんです。コントをとことん極めるマエストロが健在な限り、コントの灯が消えることはないでしょう。

クイズの世界にもプロ中のプロがいます。矢野了平さんはクイズ番組の構成には欠かせないクイズ名人。「高校生クイズ」「オールスター感謝祭」「ミラクル9」など、名だたるクイズ番組で活躍しています。クイズ作家さんでなによりも尊敬するのは解答者の答えを聞いて正解と不正解を一瞬で判断してピンポン（正解）か、ブー（不正解）かを押すスイッチを担当すること。一瞬の判断力はもちろん、微妙な言い回しで正解か否かを推考する知識量、プレッシャーに負けない強い平常心……本当に選ばれし者しかできない役割です。私も何度かクイズ番組に携わりましたが、一度もこのピンポンブーを担当したことがありません。正確には誰からも頼まれたことがありません。いい判断だと思います。

チーフ構成ならではの苦労

あるジャンルに特化すると、私も一応、スポーツ番組を構成するエキスパートと目されています。スポーツ好きが高じて合法的にスポーツを楽しみながら放送作家ができるこのスタンスは我ながら天職だとは思いますが、これまでに出た放送作家と絶対的に違うことがあります。それは多くのテレビ番組がゼロから生み出されたものであるのに対し、私はスポーツという確立されたジャンルに色付けしているだけだということ。

お笑い番組にしても、情報番組にしても、クイズ番組にしても、すべてイチから作らなければ成立しません。その点、スポーツバラエティーは中継というベースがあります。そういう意味では私はクリエイターというよりもアレンジャーかもしれません。ただ、それでも新しいものに作り上げてきたという自負はあります。前出のスーパー放送作家さんたちには実績も実力も及びませんが、自分なりに世の中に新しいジャンルを提案できたことには満足しています。

他にも様々な特色をもつ優秀な放送作家さんは山ほどいます。何よりもすごいと感じるのはいくつもの番組でチーフ構成を務めている人たちです。代表的な作家さんとしては鈴木おさむさん、桜井慎一さんがいます。全体の方向性をフォローしつつ、新しいことを同時に考えていく。この重圧は経験者でなければわかりません。ひとつの番組に関わる時間もはるかに違いますし、番組の舵取りの一端を担うプレッシャーもあります。責任のない立場で自由かつ新たなアイディアを提供するのが放送作家の位置づけであるにもかかわらず、それと逆の考え方を言わなければならない時さえあります。

私もいくつかの番組のチーフ構成をさせていただいていますが、その立場での会議や原稿は他の番組よりもはるかに緊張感をもって取り組むことになります。数々の人気番組を掛け持ちで担当している放送作家さんも多くのスタッフに支持されてオファーをもらっているという点では立派だと思いますが、それ以上にひとつの担当番組でもチーフ構成を務める作家さんをリスペクトしています。

作家陣の中で二番手になった場合は極力、チーフ作家さんをフォローする役になるよう徹します。自分が逆の立場の時にそんな存在がいると、とても助かるからです。実は作家の布陣も意外に大事なのですが、プロデューサーによってはあえて様々な意見の人を入れたい……と関係性やキャリアを考えずに作家を招集することがありますが、このパターンはまとまるまでに苦労します。まったくタイプの違うチーフ級の先輩放送作家が定例会議の度に違う意見を言い合い、その間に立った演出がどちらの顔も立てようとして、特色のない番組になってしまったという苦い経験もあります。「鰯の頭も信心から」ではありませんが、右往左往して企画や内容を変えるよりも、ひとつの企画を切磋していくほうがヒットの確率は高いと思います。

売れっ子放送作家さんたちの番組を見ると、一緒に番組を担当する作家陣はある程度、固定されています。番組をチームとして作っている証でしょう。

放送作家の一覧はエンドロールに出ています。興味がある方はぜひチェックしてみてください。複数の番組のエンドロールを見比べると、その作家陣の傾向がみえてくると思います。通常は番組内容や出演者などで観る番組を決めると思いますが、気に入った作家陣がいたら、そのチームの番組に注目してみてください。新たにハマる番組に出会えるかもしれません！

テレビはもっと面白くなる！

放送作家という実態があまり知られていない職業について、いろいろと書かせていただきました。限られた経験を元にした入門書ゆえ説明の足りない箇所も多々あると思いますが、テレビの世界を知らない一般の皆様向けということでご容赦ください。

特に制作スタッフの立場からみれば、もうちょっと違う表現になるところもあると思います。テレビ番組制作においての主役はプロデューサーやディレクターであり、放送作家はそれを支える参謀役。ただ、今回はその裏方中の裏方の立場からお話しをさせていただきました。

何よりもこの本を最後まで読んでくださった読者の皆様に心から感謝しています。あらゆる仕事は志望者が増えることでレベルがあがり、メジャーになっていきます。この本をきっかけにテレビの世界に興味をもち、制作スタッフや放送作家を目指してくれる仲間が増えてくれれば、それが何よりも一番嬉しいです。

テレビ業界も今や厳しい競争にさらされています。BS放送、CS放送、ネット放送……視聴者の選択肢が増え、地上波が絶対的な存在ではなくなってきているのは事実でしょう。ただ、ことテレビ制作スタッフや放送作家に関しては媒体が違っても基本的に仕事内容はほぼ一緒。今後、若いテレビマンの活躍の場はむしろ増えていくのではないかと期待しています。

中でもスポンサーや放送時間に必ずしも縛られないネット放送には大きな可能性を感じます。芸能人自らが発信する、あるいは若いテレビマンが自ら作りたい番組を制作する。〝ピコ太郎〟のようなブレイクが当たり前の世の中になるかもしれません。

放送作家への道自体は他の職業のように開かれていません。定員もなければ募集もない仕事ですが、ネット検索すれば事務所の募集やセミナー告知などは結構でてきます。その中から自分に合ったところをしっかり選んで学んでください。実績のある事務所、活躍している放送作家さんのセミナーなどがやはりお勧めです。そこですぐに放送作家になれるというわけではないですが、テレビ業界にまずエントリーすることが重要です。その先は本書にあるように小さなきっかけで一気に広がる可能性があるからです。

気を付けてほしいのは決して慌てることなく、自分の進むべき方向を見極めること。知り合いにテレビ関係者がいれば、評判を聞いてみてもいいでしょう。もし先方から急かされても無理をする必要はありません。なぜならば、この業界で急に新人を必要とする事態は絶対にないからです。あくまで違う事情で急かされていると思いますので、他を当たることをお勧めします。

個人的には制作会社でＡＤさんを経てから放送作家に転身することをお勧めします。私自身は〝予備校〟出身でしたが、最初の2年はＡＤ業務的なことも兼ねていました。人が足りないため、フロアディレクターと呼ばれるカメラの横から出演者に指示する仕事もやりました。こういった経験がのちの糧になっています。

ＡＤとはいえ番組によっては構成表や簡単なナレーション原稿を任されることもあります。ある意味、お金をもらいながら放送作家の修業ができるわけです。ここで制作向きだとわかれば、そのままディレクターになればいいだけ。どちらも特殊な仕事で適性を見極めるのが難しいだけに、この〝育成スタイル〟は業界的にもいいアイディアだと思うのですが。

「放送作家の修業にAD業務なんて制作会社に迷惑がかかるのでは……」と思われる方もいるかもしれませんが、いまやどこも慢性的なADさん不足。やる気のある若者が入ってくれて数年間、確実に勤務してくれるならば大歓迎のはず。実際、放送作家志望のADさんに会うことも最近はよくあります。

それでは、これを読んだ皆様とテレビの現場でお会いできる日がくることを心待ちにしています。老体に鞭打って、それまで現役続行できるように頑張ります。

テレビはもっと面白くなります！　そして、新しいメディアが盛んになっている今、放送作家の仕事がなくなることもないでしょう。新卒でなくても学生さんでもテレビの世界で働くことが可能な職業。また地上波にこだわらなければ、あらゆる媒介を通じてテレビマンとして活躍することも可能な時代となりました。自分の手で番組を作りたいという、熱き若武者を心待ちしています。

放送作家という生き方、悪くないですよ！

おわりに

「放送作家になるための教本を書いてみませんか？」というオファーには正直、戸惑いました。マイナー職業の代表格みたいなお仕事ですし、そもそも私でいいのか……いろいろな葛藤はありましたが、拙著『感動競馬場 本当にあった馬いい話』でタッグを組んだ編集の大田さんが担当してくれることに安心して、あっさり引き受けてしまいました。同時に50歳という節目にこのような光栄なお話をいただいたことに天命を感じていたのも事実です。

「放送作家としての生き方」については本編で可能な限り、お伝えしたつもりです。この本を読んでひとりでも多くの方がテレビ業界に興味をもってくれたら、と願っています。

このような本を書けたのも30年間にわたり、放送作家という仕事を続けられたから。全ては番組を一緒に作ってくださった仕事仲間のおかげです。番組スタッフ、出演者、放送作家の仲間、友人、家族……これまで多くの方々に助けていただきました。ビジネス、プライベートを問わず、ひとりでも出会いが欠けていたら今の私はなかったと思います。

今回は特にお世話になったテレビ業界の恩人にあらためて、この場を借りてお礼を述べさせていただきます。

「元気が出るテレビ!!」「ねるとん紅鯨団」の担当として放送作家の道を開いてくれた恩師のテリー伊藤さん。

「スポーツえらい人グランプリ」「劇空間プロ野球」といったスポーツ番組を始めるきっかけを作ってくれた日本テレビの高橋利之《としゆき》さんと田辺裕《ゆたか》さん。

「学校へ行こう!」「炎の体育会TV」という、ライフワークともいうべき番組に呼んでくれたTBSの合田隆信《たかのぶ》さん、安田淳《じゅん》さん。

スポーツバラエティー番組の代表格ともいうべき「ジャンクSPORTS」のチーフ構成に抜擢してくれたフジテレビの清原邦夫《くにお》さん、吉村忠史《ただし》さん。

「ジャンクSPORTS」で知り合って以来、「Oh!どや顔サミット」「ジャパーン47ch」など、数々の浜田雅功さんの番組に声をかけてくださったビーダッシュの林敏博《としひろ》さん。

「ウチくる!?」「もしもツアーズ」といったロケ番組に誘ってくれたビーブレーンの中村肇《はじめ》さん、須藤勝《すどうまさる》さん。

「世界卓球」のメイン作家に迎え入れてくれたフォルコムの乾雅人《いぬいまさと》さん。

「PRIDE」「RIZIN」という世界的な格闘技イベントの中継ブレーンに指名してくれた佐藤映像の佐藤大輔《だいすけ》さん。この方々には足を向けて眠れません。全員ともに今なおテレビ業界のトップランナーとして走り続けています。そんな優れたクリエイターたちと出会い、一緒に仕事ができたことは私の誇りです。

最後に今回も応援してくれた父・卓令《たかよし》と母・依子《よりこ》、学生モニターとして様々な意見を聞かせてくれた姪の菜奈美《ななみ》ちゃんと甥の陸《りく》くん、そして、〝校閲ガール〟としても貢献してくれた妻・久美子《くみこ》。家族の応援と協力で無事2冊目の本を出すことができました。心より感謝しています。

「この本を読んで放送作家になりました！」という若者と出会う日が来ることを信じて、筆を置かせていただきます。最後までお読みいただき、本当にありがとうございました！

イースト新書Q

Q036

放送作家《ほうそうさっか》という生《い》き方《かた》

村上卓史《むらかみたかふみ》

2017年11月20日　初版第1刷発行

本文DTP　臼田彩穂
編集　大田洋輔
発行人　北畠夏影
発行所　株式会社イースト・プレス
東京都千代田区神田神保町2-4-7
久月神田ビル　〒101-0051
tel.03-5213-4700　fax.03-5213-4701
http://www.eastpress.co.jp/
ブックデザイン　福田和雄（FUKUDA DESIGN）
印刷所　中央精版印刷株式会社

ISBN978-4-7816-8036-1

イースト新書Q

〈仕事と生き方〉　**教師という生き方**　**鹿嶋真弓**

日本の中学校教師は世界一多忙!?　生徒との関わり方、授業の工夫、同僚とのつき合い、保護者対応、様々な校内トラブルなど。教育現場が複雑・多様化するなかで、変わらない教師の資質、醍醐味とは何か。30年間、公立中学校の教員として勤務し、いじめや学級崩壊を起こさせない取り組みのひとつである「構成的グループ・エンカウンター」実践者として注目される著者が仕事への想いを語り尽くす。

〈仕事と生き方〉　**動物園ではたらく**　**小宮輝之**

逃げ出した動物の捕獲、徹夜で出産を応援……動物園の舞台裏は想像以上に忙しない。飼育係をはじめとするスタッフは存在自体が動物たちの「生存環境」であり生命線なのだ。動物園の役割は時代とともに変化する。ときには外交のためにパンダが贈られ、現在は稀少動物の絶滅を防ぐ「種の保存」を担う。進化し続ける園で40年間働き、飼育係から園長までを務めた著者が語る、動物と触れ合う歓びと驚きに満ちた日々。

〈仕事と生き方〉　**放送作家という生き方**　**村上卓史**

テレビ・ラジオ・ネット番組など、放送業界のあらゆる場面で裏方として活躍する放送作家。顔と名前の知られているごく一部のスター放送作家を除き、その実態は謎に包まれているのではないでしょうか。本書では、放送作家生活30年超のベテランが、企画書出しやテロップ作成などの具体的な仕事内容から、放送作家ならではの魅力、過酷なスケジュールの理由、恋愛事情、アイデアのつくり方、放送作家になるための心得まで、徹底紹介します。